スマホで簡単！

LINE スタンプメーカー

篠塚 充 著

C&R研究所

■権利について

- 本書に記述されている社名・製品名などは、一般に各社の商標または登録商標です。
- 本書では™、©、®は割愛しています。

■本書の内容について

- 本書は著者・編集者が実際に操作した結果を慎重に検討し、著述・編集しています。ただし、本書の記述内容に関わる運用結果にまつわるあらゆる損害・障害につきましては、責任を負いませんのであらかじめご了承ください。
- 本書で紹介している各操作の画面は、OSやWebブラウザなど環境やバージョンによってデザインや仕様、内容が変更になる場合もあります。本書で解説している画面と比べて、メニューの位置が変わったり、操作が一部変更になったりする場合がありますので、あらかじめご了承ください。なお、本書は、2022年11月現在の情報をもとに作成しています。

●本書の内容についてのお問い合わせについて

この度はC&R研究所の書籍をお買いあげいただきましてありがとうございます。本書の内容に関するお問い合わせは、「書名」「該当するページ番号」「返信先」を必ず明記の上、C&R研究所のホームページ(https://www.c-r.com/)の右上の「お問い合わせ」をクリックし、専用フォームからお送りいただくか、FAXまたは郵送で次の宛先までお送りください。お電話でのお問い合わせや本書の内容とは直接的に関係のない事柄に関するご質問にはお答えできませんので、あらかじめご了承ください。

〒950-3122 新潟県新潟市北区西名目所4083-6　株式会社 C&R研究所　編集部
FAX 025-258-2801
「スマホで簡単! LINEスタンプメーカー」サポート係

はじめに

本書は、LINE公式アプリ「LINEスタンプメーカー」でクリエイターズスタンプを作成・販売するまでのノウハウをまとめた書籍です。実際にクリエイターズスタンプを作成・販売した経験をもとに、執筆しています。

2014年5月から開始されたクリエイターズスタンプによって、多くのユーザーが独自のスタンプを作成・販売することができるようになりました。ただし、当初はスタンプ作成には、パソコンのグラフィックソフトの知識も必要であったため、敷居が高かったのも事実です。しかし、LINEスタンプメーカーの登場で、もっと手軽に簡単に「スマホだけで」スタンプを作成して販売することができるようになりました。

LINEスタンプメーカーを利用すると…

- スマホで撮った写真を加工してスタンプを作成できる!
- フィルター機能で、イラストや写真のテイストを変えることができる!
- キャンバス機能で、フリーハンドでイラストを描くことができる!
- 豊富なフレームやステッカーなどのパーツを利用することができる!
- LINEアバターをスタンプに加工できる!
- スタンプの審査申請や販売もスマホから完結できる!

本書では、「写真」「イラスト」「アバター」をそれぞれの章に分け、スタンプを完成させるまでを詳しく紹介しています。また、ちょっとしたコツや他アプリと連携した裏ワザなども盛り込んでいるので、さまざまなスタンプを作成できることでしょう。もちろん、スタンプのアイデアや注意事項、販売申請、リジェクトされた場合なども網羅しています。是非、本書を利用して、家族や友だちと楽しめるオリジナルスタンプを作成してみてください!

最後に、本書の執筆・制作にあたって、企画の段階から連日フォローしていただいたすべてのスタッフに心から感謝申し上げます。そして、読者の皆様にとって、本書がクリエイターズスタンプを作成する上で少しでもお役にたてれば幸いです。

2022年12月

C&R研究所ライティングスタッフ
篠塚　充

CONTENTS

CHAPTER 1

LINEスタンプメーカーを使ってみよう

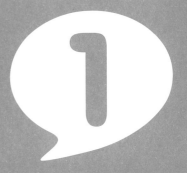

SECTION 01 LINEスタンプメーカーとは

ここでは、LINEスタンプメーカーの概要について説明します。

スマホで簡単にスタンプを作成できるLINEスタンプメーカー

LINEスタンプメーカーは、スマホでLINEのクリエイターズスタンプ（登録して販売できる自作のスタンプ）を作成できるアプリです。以前までクリエイターズスタンプは、「LINE Creators Market」という専用のサイトに、パソコンのグラフィックソフトで作成した画像データを登録して販売申請するという方法のみであったため、ある程度のグラフィック知識が必要とされていました。しかし、LINEスタンプメーカーは、スマホに特化されたアプリになっており、アルバムの写真や編集画面に描いたイラストをもとに、用意されている機能で加工し、パーツと組み合わせることで、テンポよくスタンプを作成することができるようになっています。

今までのスタンプ作成

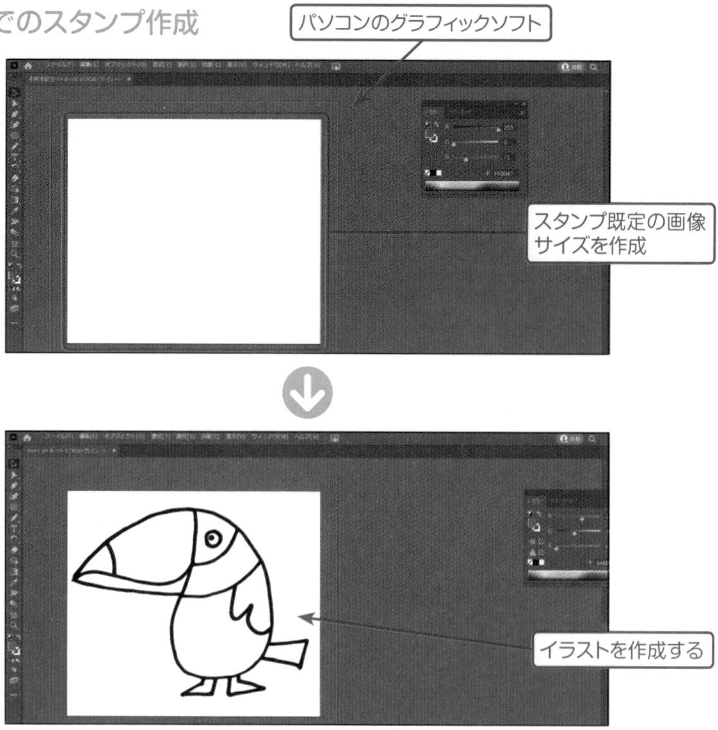

イラストに色を塗る

Hello!
パーツを描く
文字を作成する
ソフトの機能を駆使して1つひとつを
手作業でスタンプを作り上げる

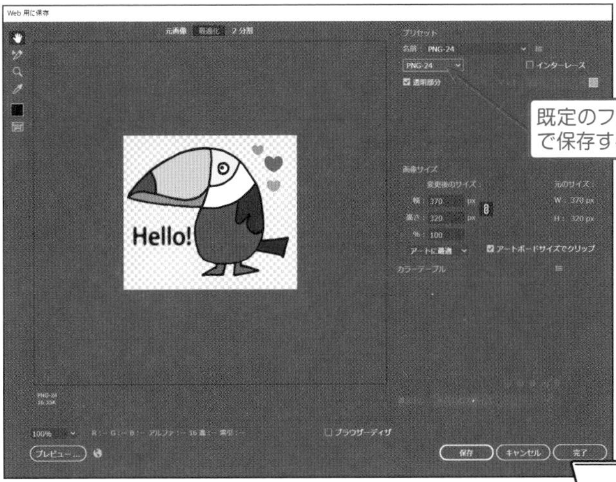
Web 用に保存
Hello!
既定のファイル形式
で保存する

専門知識が必要で
作るのが面倒だな～

マイページ - LINE Creators Market
creator.line.me/my/FHzTHxmOtMHMephT/sticker/27595420/image
「LINE Creators Market」に
登録して販売申請を行う
マイページ
新規登録
アイテム管理
売上/送金
統計情報
メッセージセンター
アカウント設定
ガイドライン
販売マニュアル
Q&A
お知らせ
スタンプの編集
スタンプ画像を登録します。
登録方法
指定された画像サイズで、メイン画像を1個、トークルームタブ画像を1個、スタンプ画像を選択した個数登録します。
ZIPファイルでの一括アップロードもできます。
スタンプ個数(1セット)の変更
8個
ZIPファイル アップロード
背景色を変えて画像の透過を確認
main
tab
01
02
03
04
Hi
Hello!

LINEスタンプメーカーでの作成(写真を使ったスタンプ作成の場合)

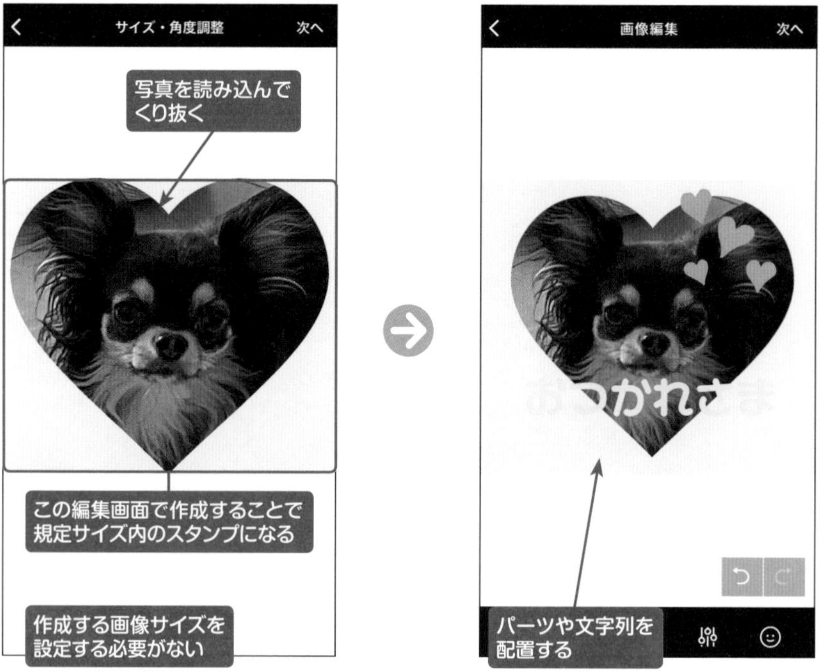
サイズ・角度調整
次へ
写真を読み込んで
くり抜く
この編集画面で作成することで
規定サイズ内のスタンプになる
作成する画像サイズを
設定する必要がない
画像編集
次へ
おつかれさま
パーツや文字列を
配置する

フォントの追加
可愛い文字のスタンプ
テキスト
おつかれさま
用意されているパーツ
多彩なフォントが揃っている文字入力機能
自作しなくても用意されているパーツやアイテムを利用できる

完成イメージ
保存
Hello
完成イメージを確認できる
おつかれさま
スマホだけで簡単に作れるから楽で便利!

編集
自動的にスタンプのファイル形式で保存されるのでファイルを規定の形式で保存する必要がない
わたしのスタンプ
スタンプの完成
8個作成したらスタンプの審査申請や販売をスマホから実行できる

SECTION 02 LINEスタンプメーカーで作成できるスタンプを見てみよう

LINEスタンプメーカーを利用すると、次のような方法で、さまざまなクリエイターズスタンプを作成することができます。

ペットや家族の写真でスタンプが作れる!

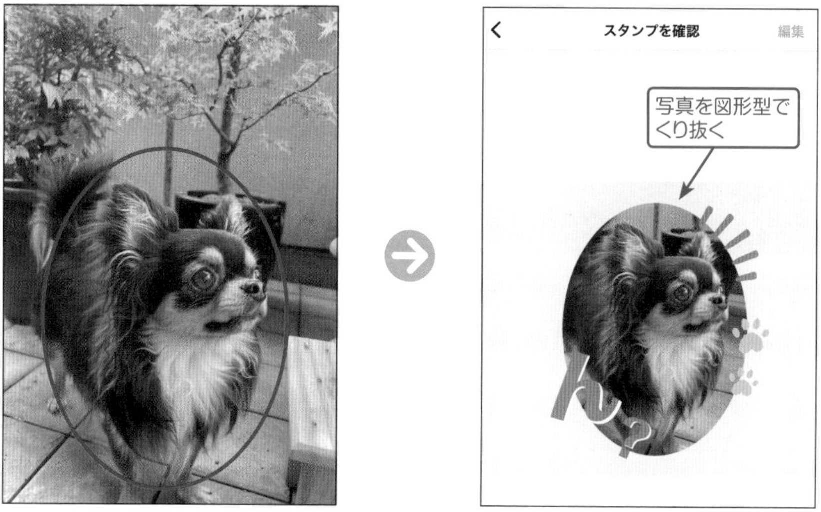
スタンプを確認
編集
写真を図形型でくり抜く
ん?

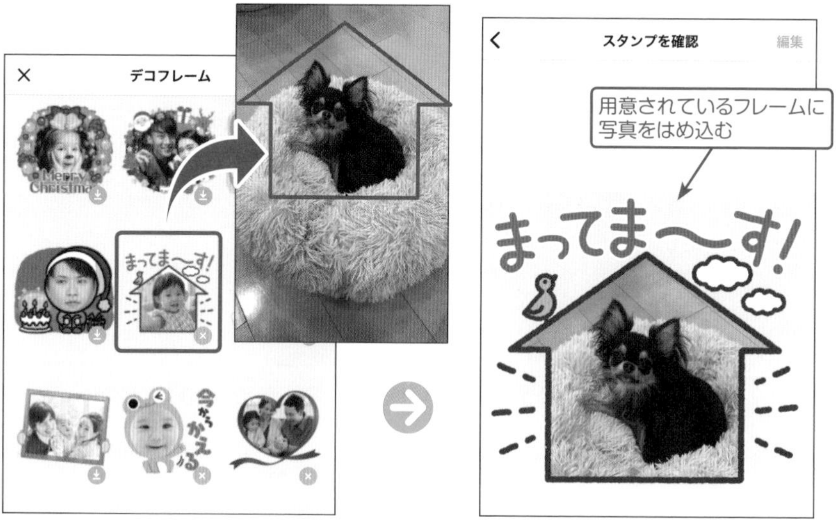
デコフレーム
Merry Christmas
まってま〜す!
今からかえる
スタンプを確認
編集
用意されているフレームに写真をはめ込む
まってま〜す!

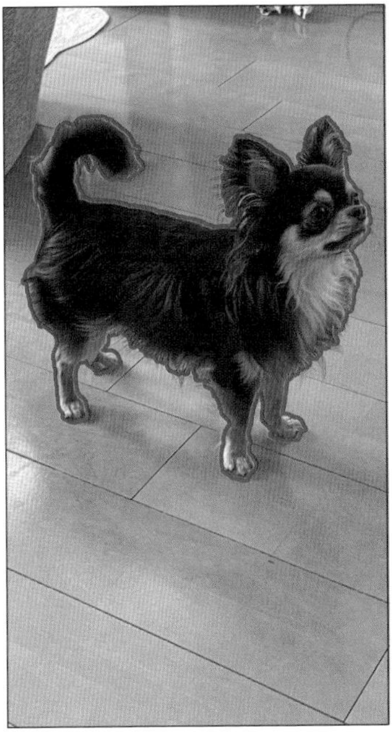

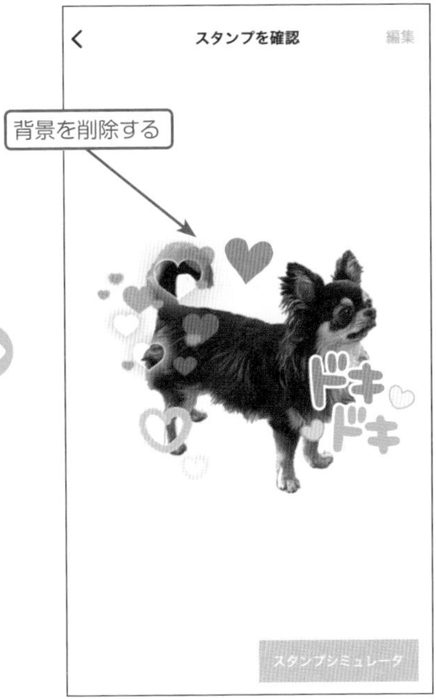

背景を削除する

なぞった形でくり抜く

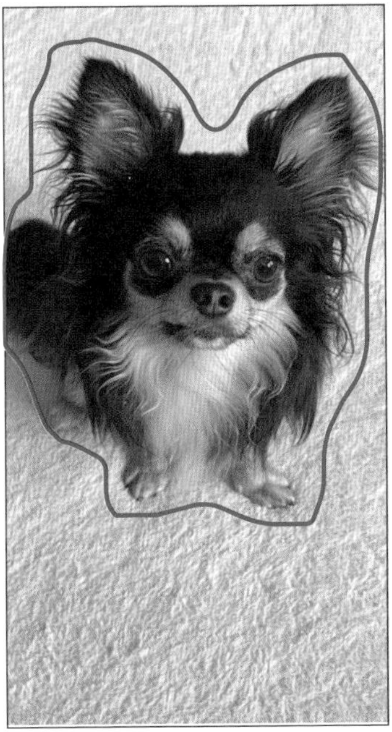

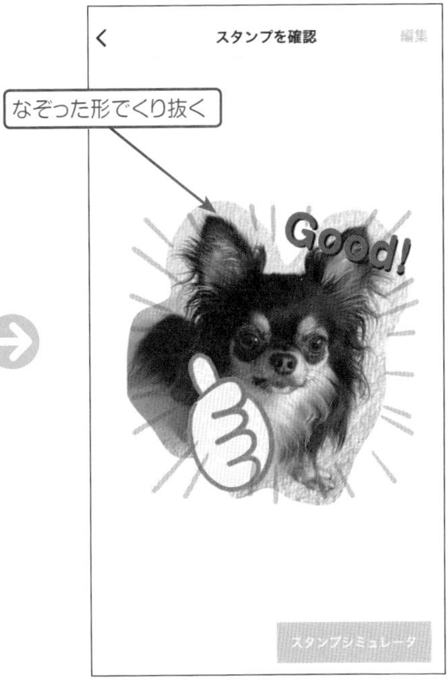

紙に描いた手書きの絵をスタンプに!

Good
Night
手書きのイラストを
撮影して加工する

画面で直接描いてもOK!

Hello!
ブラシツールで
イラストを描く

Good
Morning
作成したイラス
トを加工する

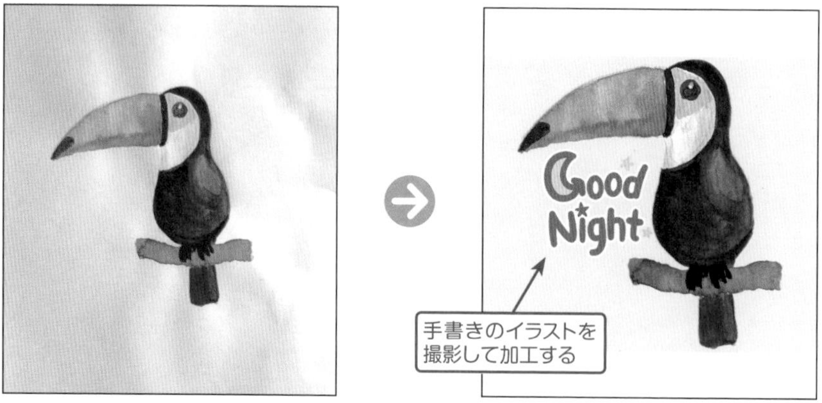

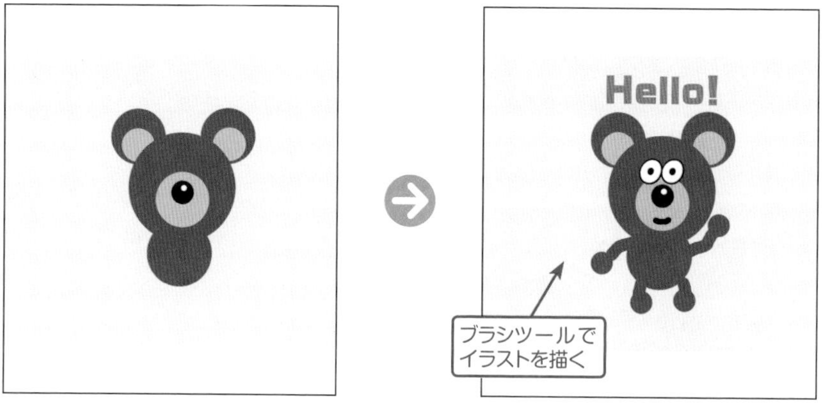

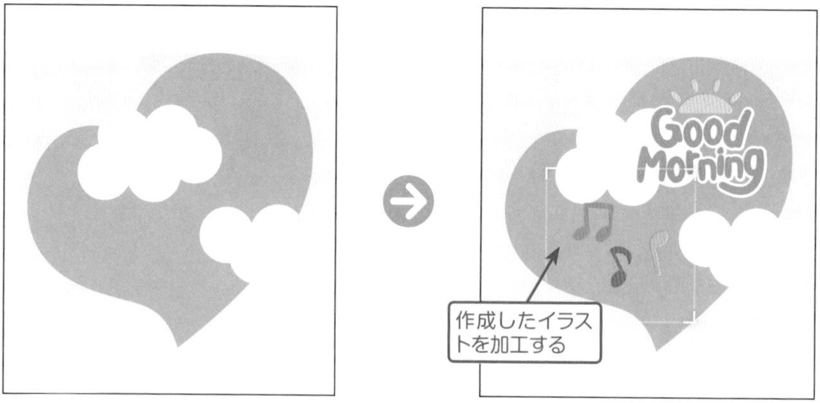

絵心が無くても大丈夫!

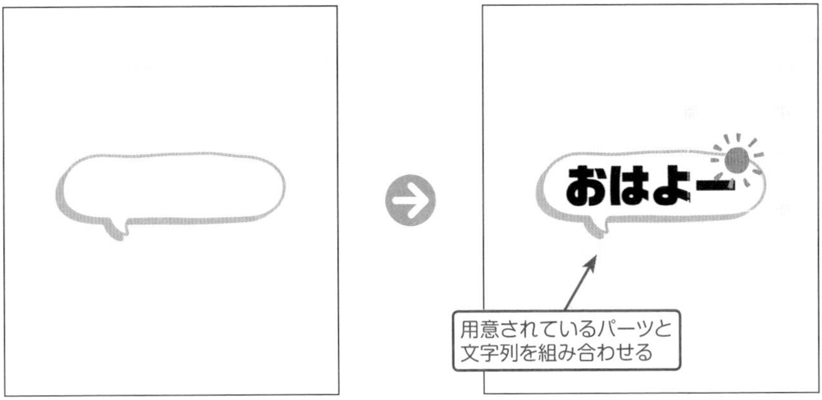

自分の分身（アバター）をスタンプに!

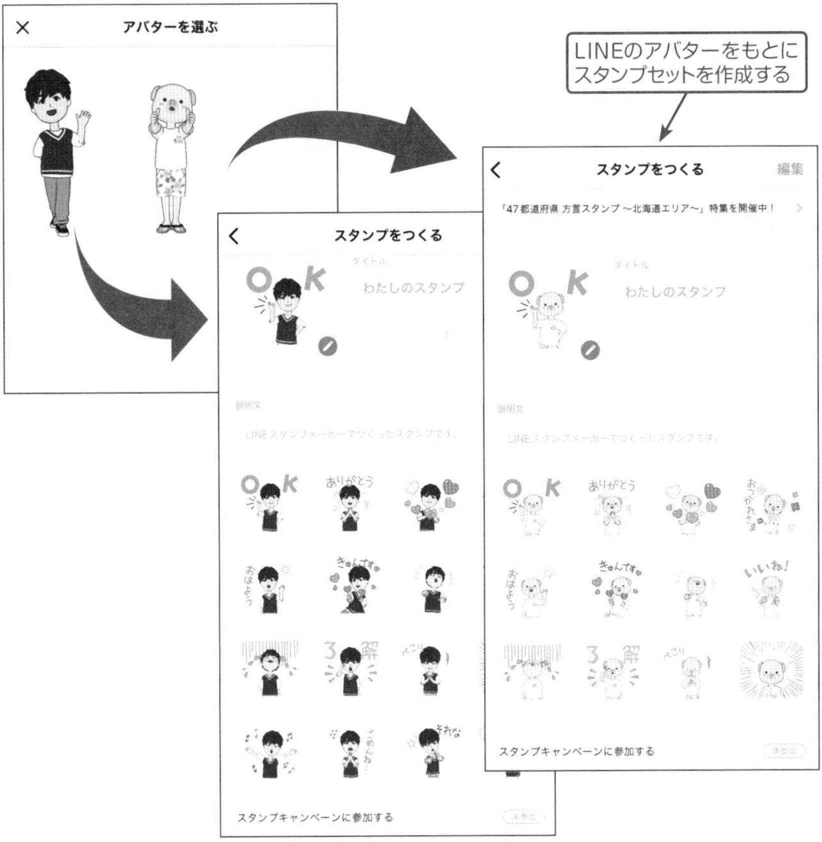

SECTION 03 LINEスタンプメーカーをインストールしてみよう

ここでは、「LINEスタンプメーカー」アプリをインストールする方法を説明します。

※LINEスタンプメーカーを利用するには、「LINE」アプリをインストールし、アカウントを作成しておく必要があります。

1 アプリの検索

2 LINEログインの実行

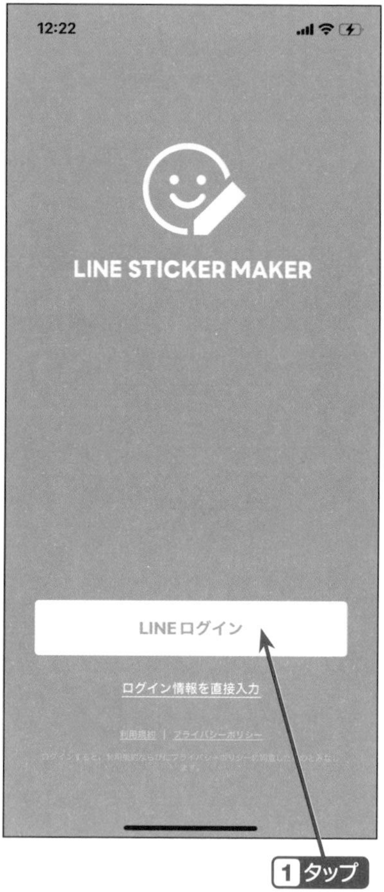

HINT

ここでは、iPhoneの「App Store」を開いて操作しています。Androidの場合には、「Play ストア」から操作してください。

HINT

「LINE」アプリを使用している状態であれば、ログインは自動的に行われます。

3 利用規約の確認

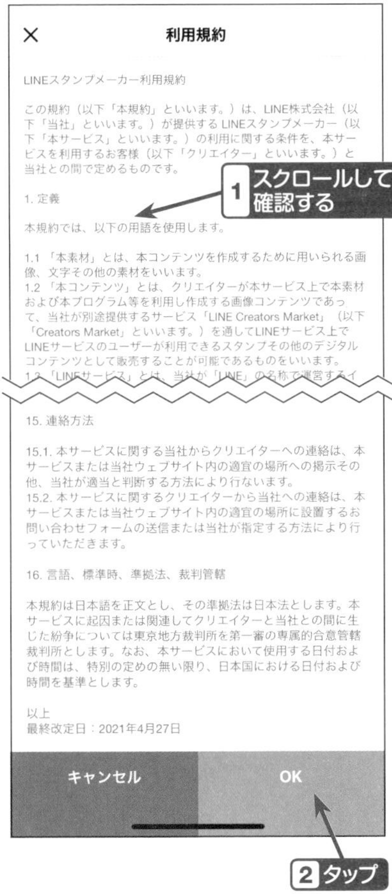
利用規約
LINEスタンプメーカー利用規約
この規約（以下「本規約」といいます。）は、LINE株式会社（以下「当社」といいます。）が提供するLINEスタンプメーカー（以下「本サービス」といいます。）の利用に関する条件を、本サービスを利用するお客様（以下「クリエイター」といいます。）と当社との間で定めるものです。
1. 定義
本規約では、以下の用語を使用します。
1.1 「本素材」とは、本コンテンツを作成するために用いられる画像、文字その他の素材をいいます。
1.2 「本コンテンツ」とは、クリエイターが本サービス上で本素材および本プログラム等を利用し作成する画像コンテンツであって、当社が別途提供するサービス「LINE Creators Market」（以下「Creators Market」といいます。）を通してLINEサービス上でLINEサービスのユーザーが利用できるスタンプその他のデジタルコンテンツとして販売することが可能であるものをいいます。
15. 連絡方法
15.1. 本サービスに関する当社からクリエイターへの連絡は、本サービスまたは当社ウェブサイト内の適宜の場所への掲示その他、当社が適当と判断する方法により行ないます。
15.2. 本サービスに関するクリエイターから当社への連絡は、本サービスまたは当社ウェブサイト内の適宜の場所に設置するお問い合わせフォームの送信または当社が指定する方法により行っていただきます。
16. 言語、標準時、準拠法、裁判管轄
本規約は日本語を正文とし、その準拠法は日本法とします。本サービスに起因または関連してクリエイターと当社との間に生じた紛争については東京地方裁判所を第一審の専属的合意管轄裁判所とします。なお、本サービスにおいて使用する日付および時間は、特別の定めの無い限り、日本国における日付および時間を基準とします。
以上
最終改定日：2021年4月27日
キャンセル
OK
1 スクロールして確認する
2 タップ

HINT

「LINE」アプリにパスワードを設定している場合には、この操作の後パスワードを入力する画面が表示されます。

4 認証許可

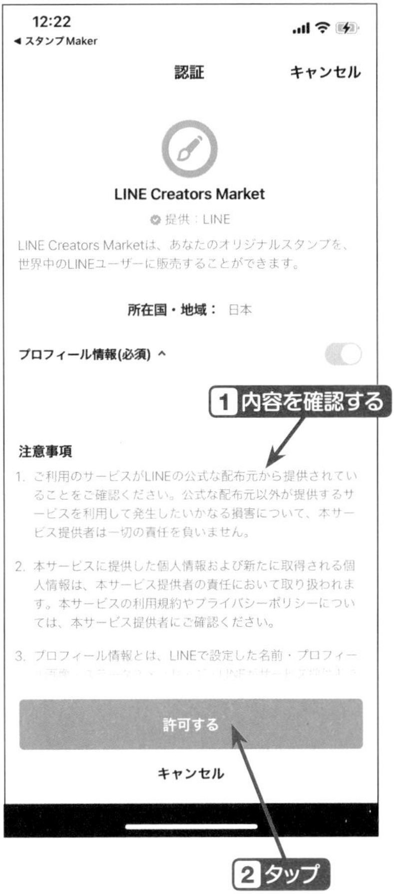
12:22
◀ スタンプMaker
認証
キャンセル
LINE Creators Market
提供：LINE
LINE Creators Marketは、あなたのオリジナルスタンプを、世界中のLINEユーザーに販売することができます。
所在国・地域： 日本
プロフィール情報(必須)
注意事項
1. ご利用のサービスがLINEの公式な配布元から提供されていることをご確認ください。公式な配布元以外が提供するサービスを利用して発生したいかなる損害について、本サービス提供者は一切の責任を負いません。
2. 本サービスに提供した個人情報および新たに取得される個人情報は、本サービス提供者の責任において取り扱われます。本サービスの利用規約やプライバシーポリシーについては、本サービス提供者にご確認ください。
3. プロフィール情報とは、LINEで設定した名前・プロフィー
許可する
キャンセル
1 内容を確認する
2 タップ

HINT

この操作で、「LINE Creators Market」への登録が許可されます。

HINT

「LINE Creators Market」については、17ページのONEPOINTを参照してください。

5 「LINE Creators Market」を開く確認

HINT
この操作で、LINEスタンプメーカーから「LINE Creators Market」経由でスタンプを販売できるようになります。

6 LINEスタンプメーカーの起動

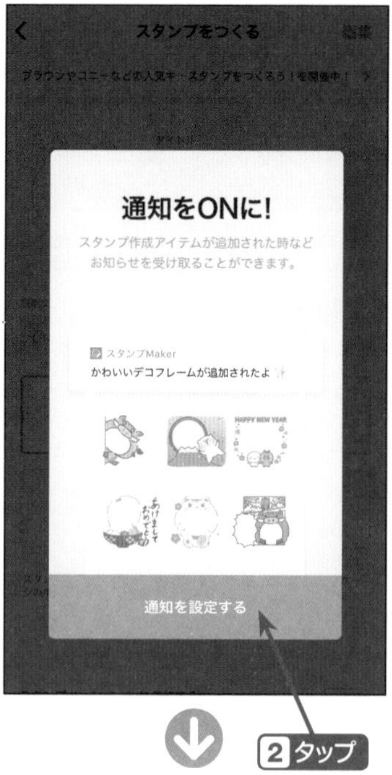

HINT

通知を許可すると、スタンプ作成のツールやアイテムのアップデートをいち早く知ることができます。

HINT

スマホのOSや機種によっては、この後「デバイス内の写真やメディアへのアクセスを許可しますか?」と言う内容のウインドウが表示されるので［許可］を選択してください。

HINT

この操作でLINEスタンプメーカーを利用できるようになりました。

ONEPOINT

「LINEスタンプメーカー」「LINE」「LINE Creators Market」の関係

「LINE Creators Market」はLINEスタンプを販売するための管理サイトです。LINEユーザーが「LINE Creators Market」にクリエイター登録することで、スタンプを販売できるようになります。そのためLINEスタンプメーカーをインストールする際には、LINEユーザーでありかつ「LINE Creators Market」に登録する必要があるため、「LINE」アプリへのログインと「LINE Creators Market」への登録許可の操作が必要になります。

なお、ここで初めて「LINE Creators Market」に登録した場合には、LINEスタンプメーカーでスタンプを作成し、最初に販売申請する際に、クリエイター登録のための情報（居住地、姓名、屋号、メールアドレスなど）を入力する画面が表示されます。

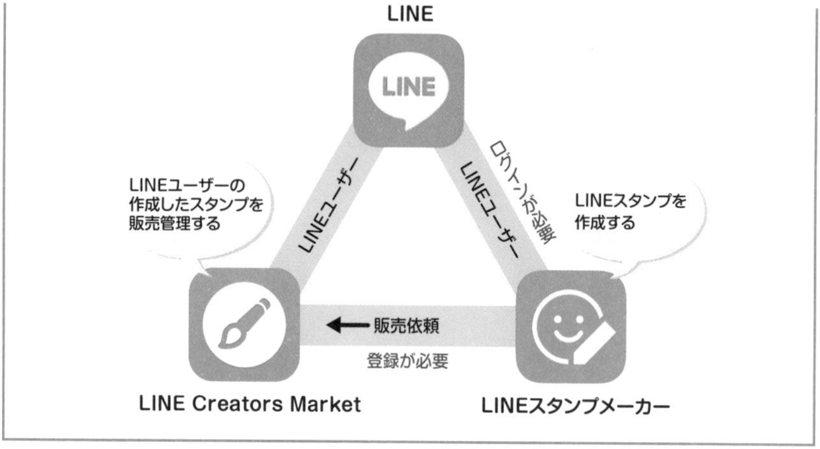

LINEスタンプメーカーでスタンプを販売するまでの流れ

LINEスタンプメーカーでは、スタンプのセットを作成して販売申請し、スムーズに審査に承認されれば販売を開始することができます。この一連の操作（販売申請から販売開始まで）は、水面下では「LINE Creators Market」に連携されていますが、表面上ではLINEスタンプメーカーのみで完結することができます。

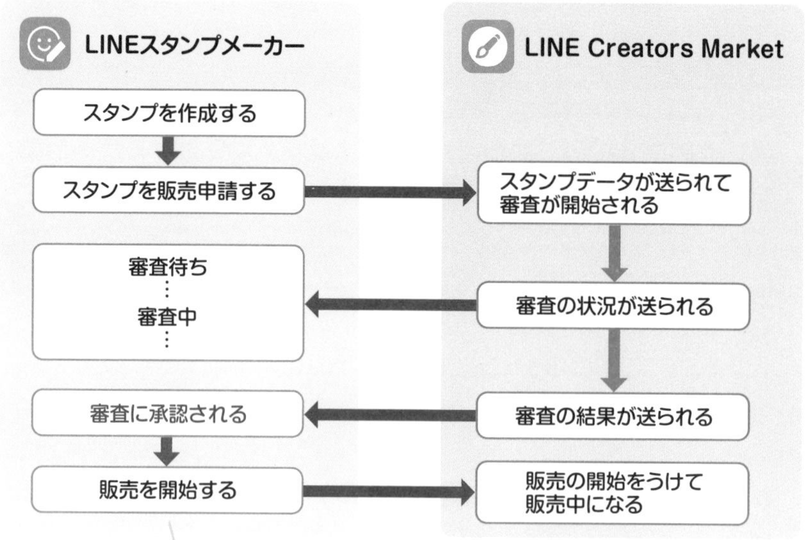

LINEスタンプメーカーだけでスタンプ作成から販売開始まで完結できる

ただし、リジェクトされてしまった（審査に通らなかった）場合の原因の確認、また分配金の売上確認、送金申請などは「LINE Creators Market」から行う必要があります。リジェクトされたスタンプを再申請する方法は187ページを参考にしてください。

◉「LINE Creators Market」

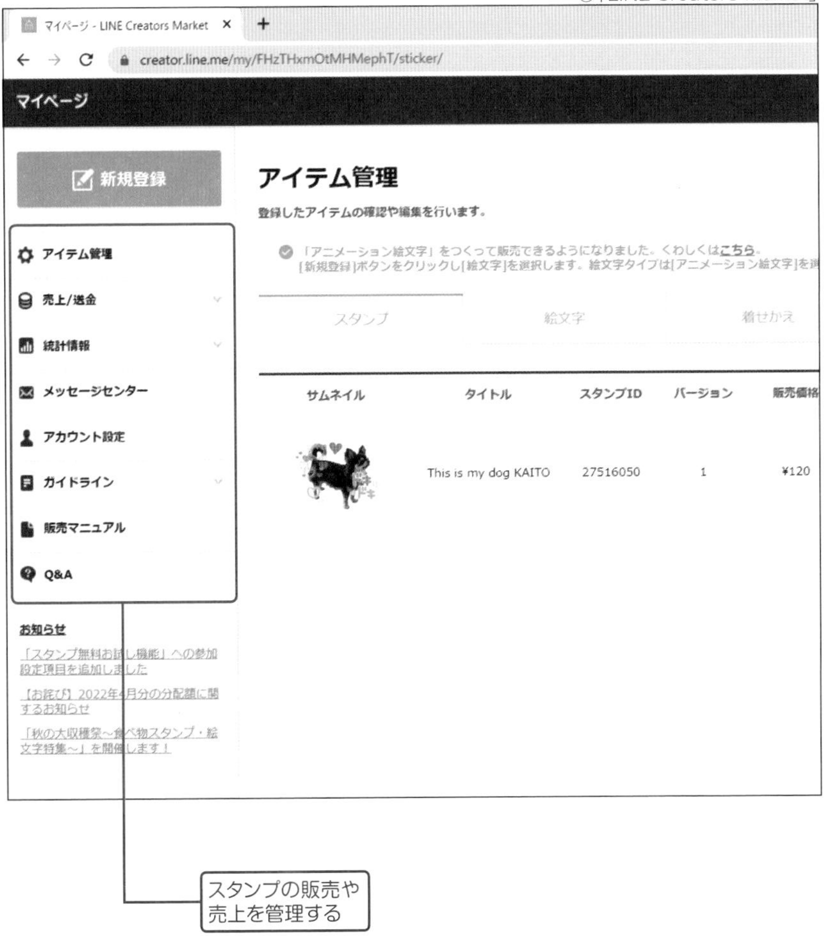

SECTION 04 これから作成するスタンプについて確認しておこう

LINEスタンプメーカーでスタンプを作成して販売するには、LINEの規定を知る必要があります。ここでは、クリエイターズスタンプの概要と、注意事項や作成のアイデアなどを説明します。

制作ガイドラインと販売方法

◉スタンプの販売画面

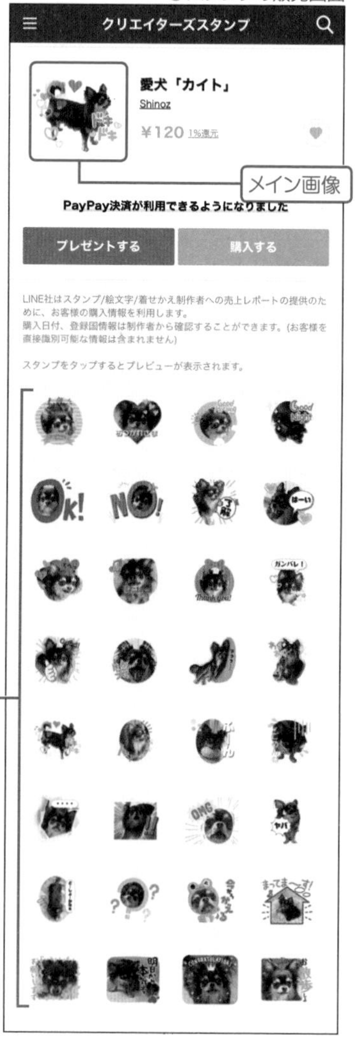
クリエイターズスタンプ
愛犬「カイト」
Shinoz
¥120 1%還元
メイン画像
PayPay決済が利用できるようになりました
プレゼントする
購入する
LINE社はスタンプ/絵文字/着せかえ制作者への売上レポートの提供のために、お客様の購入情報を利用します。
購入日付、登録国情報は制作者から確認することができます。(お客様を直接識別可能な情報は含まれません)
スタンプをタップするとプレビューが表示されます。
販売単位

◆必要なスタンプ数について

LINEスタンプメーカーでスタンプの販売申請を行うには、最低8個のスタンプが必要です。

1つのセットは、8個/16個/24個/32個/40個の単位で設定できます。販売申請する際には、セットの中の1つのスタンプを「メイン画像」に指定します。

スタンプの配布方法と売上分配方法には2種類ある

LINEスタンプメーカーで作成したスタンプを販売する際には、「プライベート設定」と「売上分配設定」でスタンプの公開の方法と売上分配の有無を選択することができます。

◆「プライベート設定」

「LINE STORE/ショップ公開」と「LINE STORE/ショップ非公開」から選択することができます。販売目的のスタンプの場合はLINE STOREやスタンプショップでの新着やランキングへの公開、検索が可能になる「LINE STORE/ショップ公開」、スタンプを販売しない、作成したスタンプを不特定多数に公開したくない場合は「LINE STORE/ショップ非公開」を選択します。詳細は176ページを参考にしてください。

◆「売上分配設定」

「無料ダウンロード/売上分配額なし」「有料ダウンロード/売上分配額あり」から選択することができます。「無料ダウンロード/売上分配額なし」はスタンプの売上は分配されませんが、自分で作成したスタンプを無料でダウンロードできます（作成者のみ）。「有料ダウンロード/売上分配額あり」を選択すると、スタンプが売れると売上が分配されますが、自分で作成したスタンプは購入して使う必要があります。

販売価格と売上の分配について

スタンプの販売価格は、¥120/ ¥250/ ¥370/ ¥490/ ¥610の価格から選択することができます。「売上分配設定」で「有料ダウンロード/売上分配額あり」を選択し、販売したスタンプが購入された場合には、選択した価格からAppleやGoogleなどの手数料30%を除いた売上の50%が分配されます。

※「LINEスタンプ プレミアム」（定額制のスタンプ使い放題サービス）に参加した場合、「LINEスタンプ プレミアム」の分配率に応じた売上が分配されます。

販売エリア

スタンプの販売対象の地域は、次の2種類から選択できます。販売エリアを広くすると、その分審査の規定が多くなるため、リジェクトの基準も高くなります。

◆「販売可能な全てのエリア」

LINEがサポートされているすべてのエリアで販売されます。

◆「選択したエリアのみ」

チェックを入れたエリアで販売されます。LINEスタンプメーカーの初期設定では、「日本」のみがチェックされています。

SECTION 05 審査ガイドライン

クリエイターズスタンプは、モラルや法律などに基づいて内容を制限するための「審査ガイドライン」があります。

審査ガイドラインについて

このガイドラインの項目に当てはまるスタンプは、審査には承認されずリジェクト（否認）されてしまい、修正しなければ販売することはできません。あらかじめ、内容を確認・理解した上で、スタンプ制作に取り掛かりましょう。

おもな審査ガイドラインの内容は、次のようになります。

- 日常会話で使用しにくいもの（例：物体、景色など）
- 横長な画像や、8頭身キャラクターの全身などのような視認性（目で見たときの確認のしやすさ）が悪いもの
- 淡色ばかりのものや単なる数字の羅列などのようなスタンプ全体のバランスを著しく欠いているもの
- 公序良俗に反するもの、未成年者の飲酒喫煙を想起するもの、性的表現、暴力的表現、ナショナリズムを煽るもの
- 宣伝を目的としているもの

なお、審査ガイドラインは内容が変更・追加される可能性もありますので、詳細については、「LINE Creators Market」で公開されている「スタンプ審査ガイドライン」を参照してください。「スタンプ審査ガイドライン」は、LINEスタンプメーカーのTOP画面の右上に表示されている⚙マークをタップすると表示される「審査ガイドライン」から確認することができます。または、次のURLにアクセスしてください。

- スタンプ審査ガイドライン
  URL https://creator.line.me/ja/review_guideline/

◉スタンプ審査ガイドライン

LINE CREATORS MARKET

ご利用方法　制作ガイドライン　Q&A　ブログ　LINEスタンプメーカー　マイページ

スタンプ審査ガイドライン ＞　絵文字審査ガイドライン ＞　着せかえ審査ガイドライン ＞

スタンプ審査ガイドライン

クリエイター（スタンプの販売者・作成者）は、スタンプを作成し、LINEの審査を受け適切であると判断されたスタンプのみ販売することができます。以下の項目に該当し、または該当する恐れがあるとLINEが判断するスタンプは、審査で不適切とされ、却下または販売中止となる場合がありますので、審査へ提出する前にこのガイドラインを確認してください。ただし、以下の項目に該当する場合でも、スタンプの内容や配布地域、クリエイターの属性などの事情により、適切と判断されることがあります。また、写真を素材として使用している場合は別途権利確認書類を求めることがございます。

1.画像（スタンプ画像、メイン画像、トークルームタブ画像）

1.1.LINEが定めるフォーマットに合致しないもの
1.2.会話、コミュニケーションに適していないもの
1.3.視認性が悪いもの（例：横長な画像や、8頭身キャラクターの全身など）
1.4.スタンプ全体のバランスを著しく欠いているもの（例：淡色ばかりのもの、単なる数字の羅列など）
1.5.ロゴのみのもの
1.6.単純なテキストのみの画像
1.7.スタンプ内の文字に誤りがあるもの
1.8.説明文、タイトルと矛盾しているもの
1.9.販売するスタンプの画像と著しく異なるメイン画像、タブ画像
1.10. 既にスタンプショップで販売または審査されているスタンプの複製

2.テキスト（スタンプタイトル、商品説明文、クリエイター名、Copyright）

2.1.LINEが定めるフォーマットに合致しないもの
2.2.テキストに誤りがあるもの
2.3.タイトルや説明文に、告知文言が入っているもの（例："○月○日発売予定" "○○と検索"など）
2.4.URLが表示されているもの
2.5.ハートなどの絵文字や機種依存文字が入っているもの

写真を使用する際に注意すること

LINEスタンプメーカーで、写真を利用したスタンプを作成する場合には、次のことに注意する必要があります。

- 家族や友達など自分以外の人を撮影した写真を使う場合、その人たちの許可を取っている必要がある
- 上記写真で撮影場所が個人の自宅内などの場合、その人にその写真使用の許可を取っている必要がある
- テレビ、動画、SNSなどからのダウンロードやスクリーンショットした画像は使わない
- 有名人や著名人、キャラクター、メーカー商品の名前や画像は使わない
- 有名人や著名人、キャラクター、メーカー商品の看板、ポスターやうちわなどグッズと一緒に写した写真は使わない

SECTION 06 スタンプのアイデア

スタンプは、テーマやコンセプトを決めることで、キャラクターに個性や統一感を持たせることができます。ここでは、どのようなスタンプを作成するかアイデアを出すポイントについて説明します。

LINEでよく使われるスタンプの種類

LINEのトークでは、ユーザー間で交互に会話をするので、挨拶や相手の話に対する応答用の次のようなスタンプがよく利用されています。

- 了解
- OK
- Good
- ありがとう
- よろしくお願いします
- おはよう
- おつかれさま
- おやすみ
- ごめんなさい

◉スタンプの種類

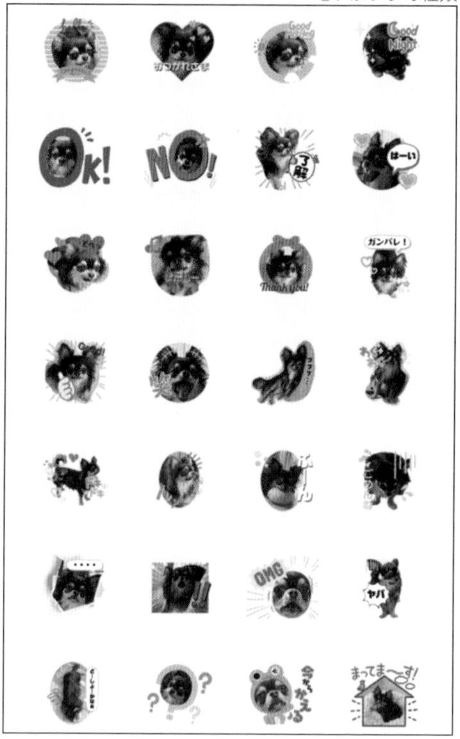

これらのフレーズも、「りょーかい!」「了解しました」「かしこまりました」「サンキュー」「ありがとうございます」など、気心の知れている人や目上の人など相手によって使い分けられる種類を入れておくと、さらに使用できる範囲が広がります。

また、家族や仲間内だけでスタンプを使いたい場合には、内輪でよく使われるフレーズをスタンプにしておくと、素早く状況を伝えることができます。目的に合った用途で作ってみると良いでしょう。

SECTION 07 スマホに必要な基本操作を確認しておこう

LINEスタンプメーカーの画像編集時にはスマホ独特の操作が必要になることがあります。ここでは、本書で利用しているおもなスマホの操作と用途を紹介します。

ピンチイン・ピンチアウト

ピンチインは、2本の指で画面をタッチしたまま指を狭める操作で、画面を縮小するときに使います。LINEスタンプメーカーでは、編集画面に配置した文字列やステッカーを縮小してサイズを整える際に使います。

ピンチインで縮める

ピンチアウトは、2本の指で画面をタッチしたまま指を広げる操作で、画面を拡大するときに使います。LINEスタンプメーカーでは、編集画面に配置した写真をくり抜く図形やデコフレームに合わせて拡大したり、画像の細かい範囲を拡大して修正する際に使います。

ピンチアウトで拡大する

回転

回転は、2本の指で画面をタッチしたまま回転させる操作で、地図アプリで地図を回転させる用途などで使います。LINEスタンプメーカーでは、編集画面に配置した文字列、ステッカー、画像などの角度・向きを変更する際に使用します。

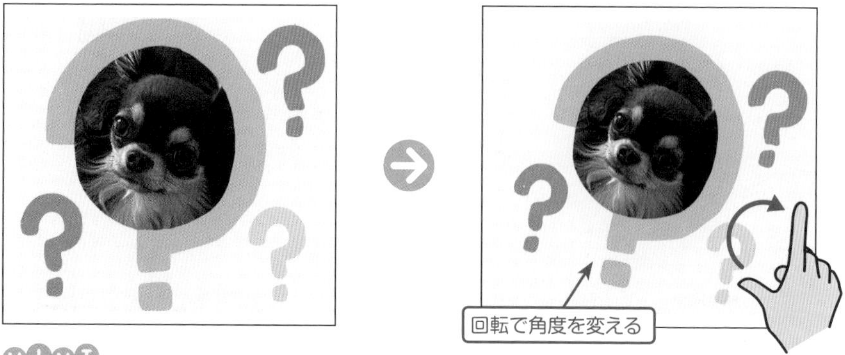

HINT

回転しながらピンチイン・ピンチアウトで角度を変えながら拡大縮小することも可能です。

なお、それぞれの操作は、2本の指を両方動かす必要はなく、コンパスのように1本を固定し2本目を動かすことでも可能です。また、片手の2本指ではなく、両手で合わせて2本の指でも操作できるので、やりやすい方法を利用すると良いでしょう。

ONEPOINT

タブレット端末で操作したいときには

LINEスタンプメーカーは、iPadなどタブレット端末でも利用できます。日頃、タブレットでイラストを描き慣れているなど、スマホの編集画面が使いにくい場合には、使用するとよいでしょう。タブレット端末でLINEスタンプメーカーを利用できるようにするには、次のように操作します。

❶ タブレット端末にLINEスタンプメーカーをインストールします。

❷「ログイン情報を直接入力」をタップします。

❸ 利用規約が表示されるので内容を確認して[OK]をタップします。

❹「LINE」のログイン画面が表示されるので、「LINE」に登録してあるメールアドレスとパスワードを入力し、[ログイン]をタップします。

❺ なお、メールアドレスなどがわからない場合には、「メールアドレス・パスワードの確認はこちら」をタップして確認してください。

❻「LINE Creators Market」への許可画面が表示されるので、注意事項を確認して[許可する]をタップします。

❼「LINE Creators Market」アプリを開きますか?という画面が表示されるので[確認]をタップします。

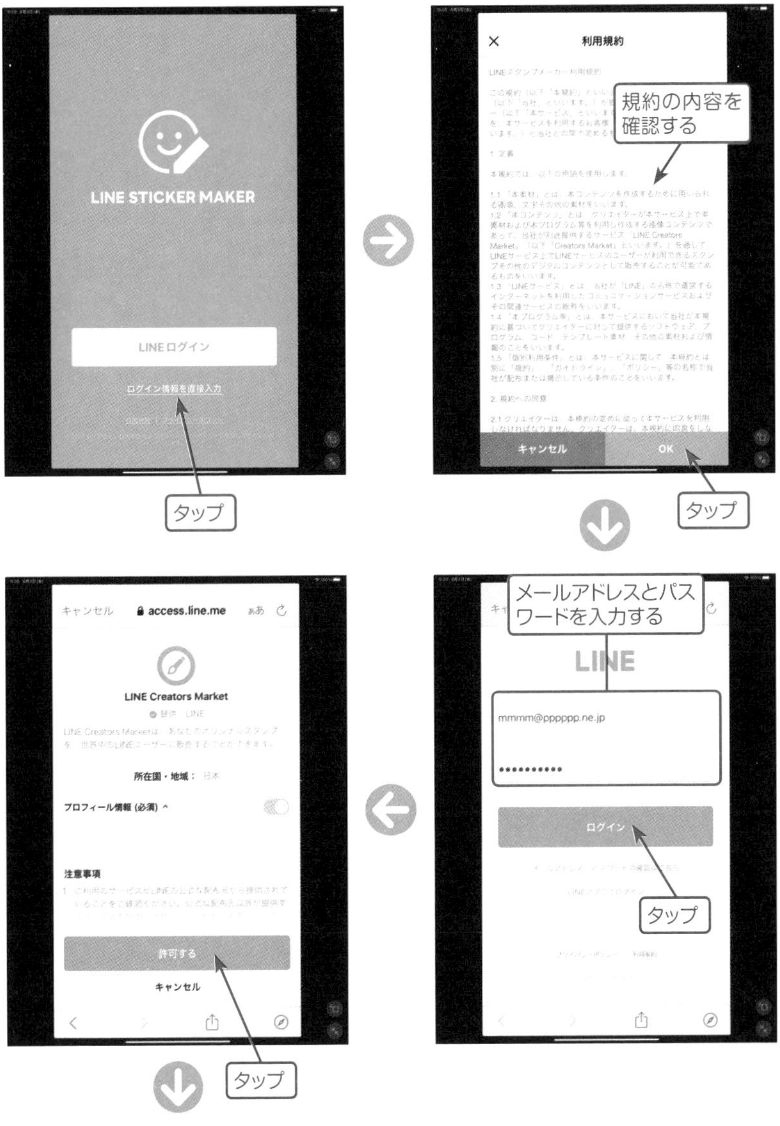

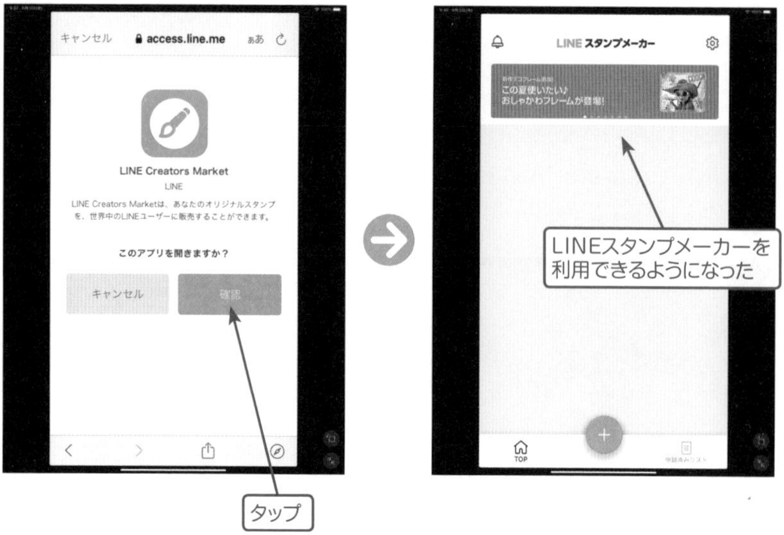

なお、スマホとタブレットなど複数の端末を利用する場合には、編集中のスタンプは同期されないので注意が必要です。

※申請済みのスタンプは異なる端末間でも同期されます。

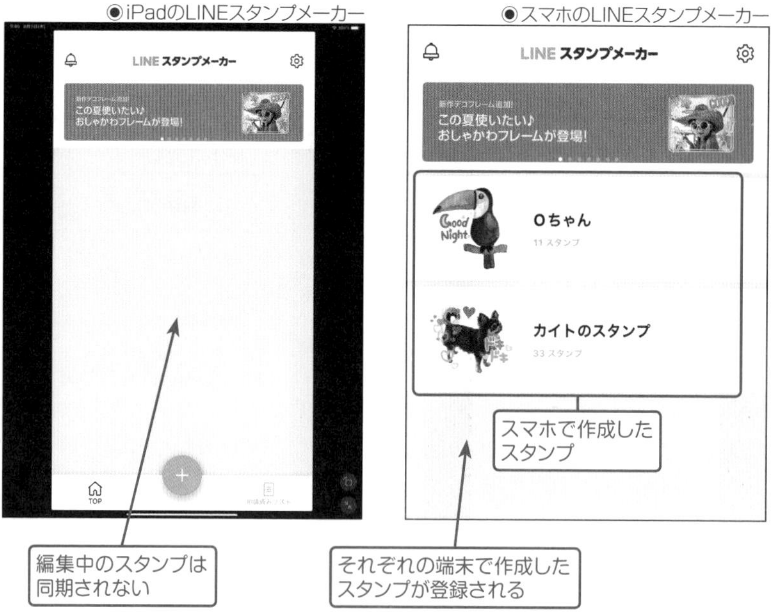

CHAPTER 2

写真からスタンプを作成してみよう

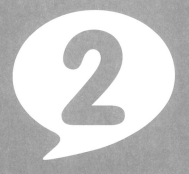

SECTION 08 LINEスタンプメーカーでできる写真加工について

LINEスタンプメーカーでは、スマホで撮影した写真をもとにスタンプを作成することができます。ここでは、LINEスタンプメーカーでの写真の加工方法を紹介します。

LINEスタンプメーカーでの写真の取り込み方法

LINEスタンプメーカーで写真を使うには、次のような方法があります。

◆アプリのカメラで撮影する

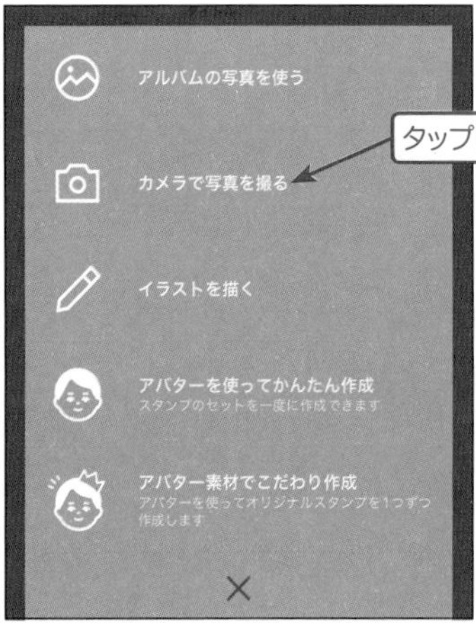

◆スマホのアルバムから選択する

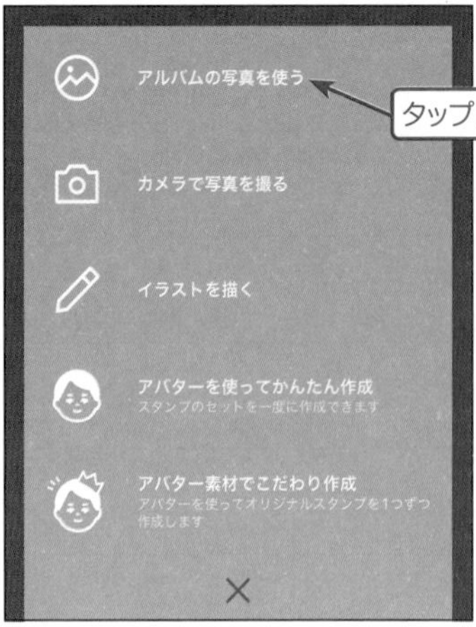

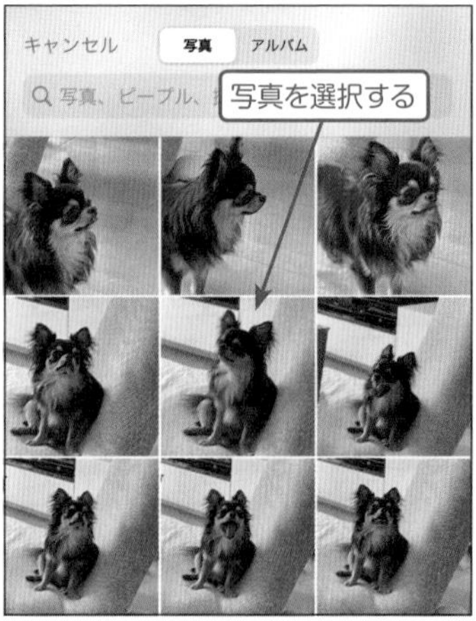

LINEスタンプメーカーでの写真の加工方法

LINEスタンプメーカーに読み込んだ写真は、次のような方法で加工することができます。

◆ 図形型でくり抜いて加工する（34ページ参照）

◆ デコフレームを利用して加工する（48ページ参照）

◆ 任意の形に切り取って加工する（53ページ参照）

◆ 背景を削除して加工する(59ページ参照)

◆ 紙に描いたイラストを撮影して加工する(66ページ参照)

◆ 複数の写真を1つのスタンプに加工する(73ページ参照)

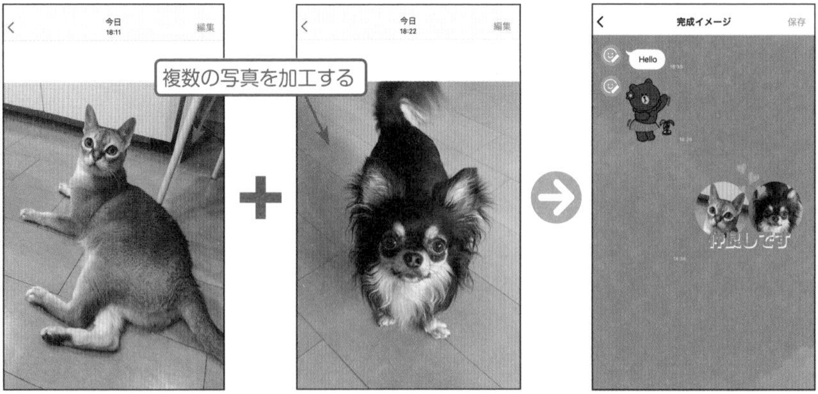

ONEPOINT スタンプには背景と差異のある写真を利用しよう

操作例のように、写真の一部をくり抜いて利用する場合には、被写体と背景に色の差があると、見た目が良いスタンプを作成することができます。また、背景を削除する際には、輪郭をきれいに抽出できるメリットがあります。

●被写体と背景に色の差がないスタンプ

背景と被写体の区別がつきにくいため見にくくなってしまう

●被写体と背景に色の差があるスタンプ

目的の画像が見やすいスタンプに加工できる

SECTION 09 写真をくり抜いてスタンプを作成する

ここでは、写真をハート型でくり抜いてスタンプを作成する方法を紹介します。

1 LINEスタンプメーカーの起動

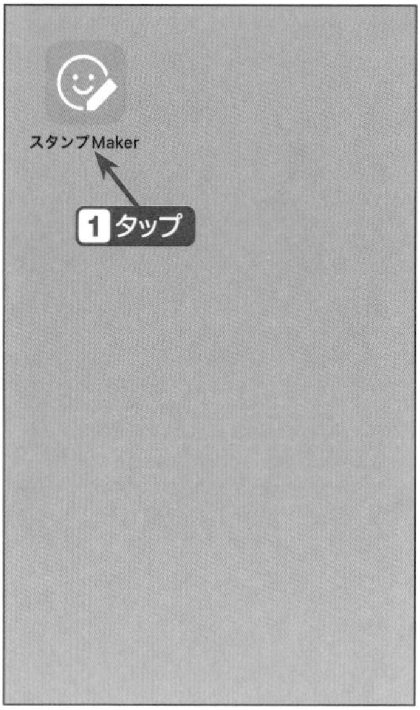

2 新規スタンプの作成

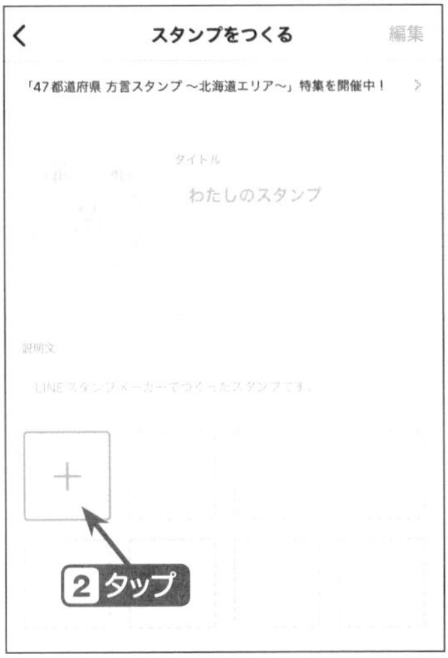

HINT

スマホのOSや機種によっては、この後「デバイス内の写真やメディアへのアクセスを許可しますか?」と言う内容のウインドウが表示される場合があります。その際は［許可］を選択してください。

3 アルバムの表示

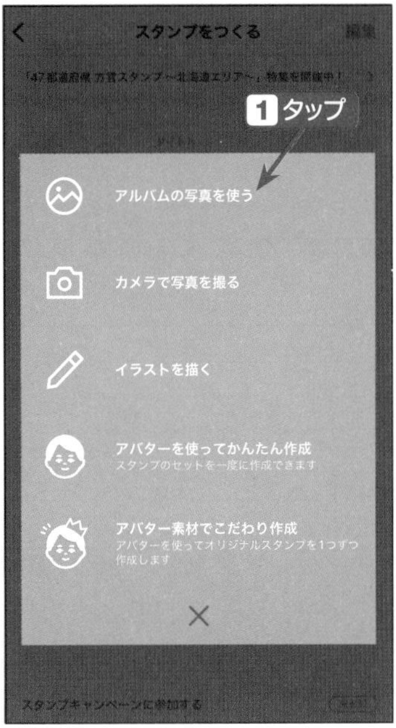

HINT

ここでは、スマホのアルバムに保存されている写真を使用することとします。

4 写真の選択

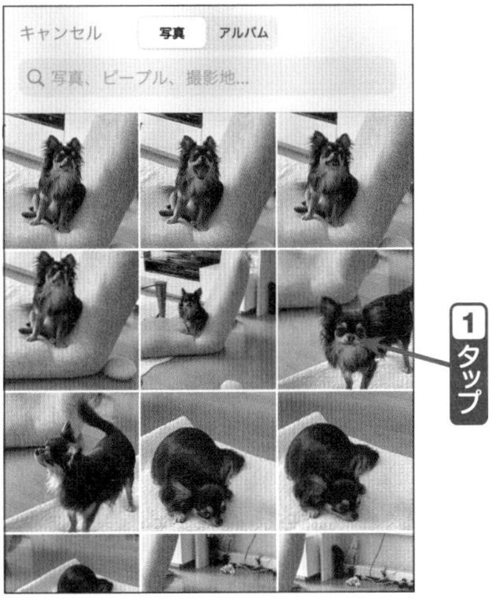

5 ツールの選択

6 形の選択

1 左にスクロールする

2 タップ

7 図形内に配置する画像の調整

1 ピンチアウトで画像を拡大する

次へ
2 ドラッグして図形内に配置する位置を微調整する
3 タップ

HINT

「ピンチアウト」「ピンチイン」とは、2本の指で同時にタッチして拡大・縮小する操作です（25ページ参照）。

8 サイズと角度の調整

HINT

薄いグレーの長方形に収まるように配置します。ここでは、次の操作でステッカーや文字列を追加するためにくり抜いた画像を少し縮小しています。

9 ステッカーの表示

10 ステッカーの選択

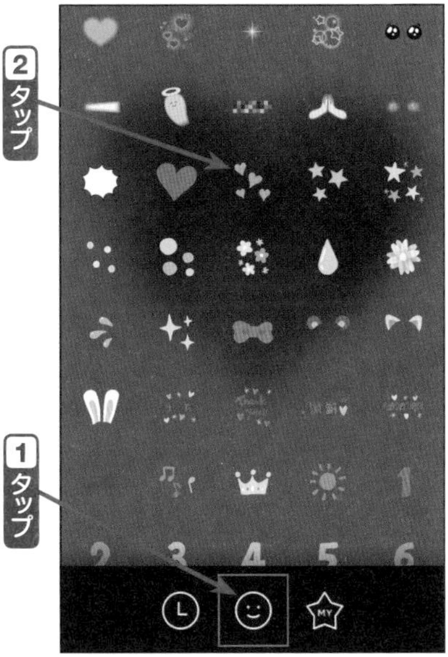

11 ステッカーの調整

HINT

角度を変更する場合には、2本指で同時にタッチしながら左右に回転させます（26ページ参照）。

HINT

画面下の◎（色変更）をタップすると、ステッカーの色を変更することができます。

12 文字列の追加

13 フォントを設定する

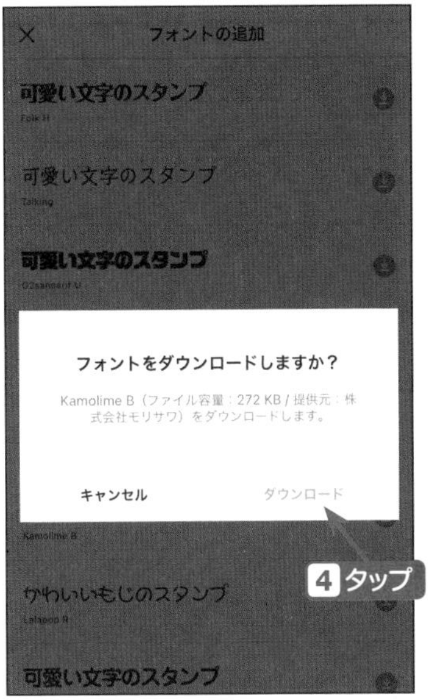

HINT

ここでは、新しいフォントを追加して選択しています。

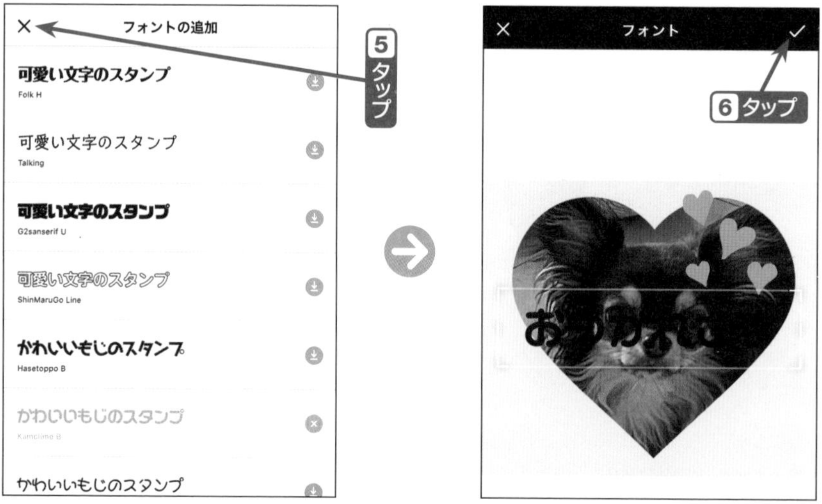

14 文字色の設定

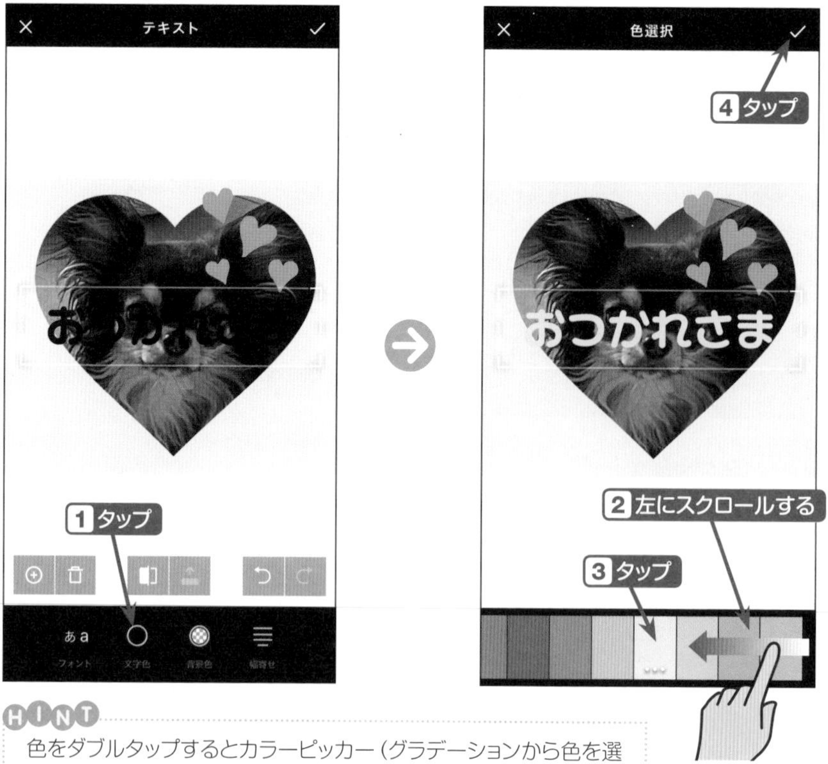

HINT

色をダブルタップするとカラーピッカー（グラデーションから色を選択できる機能）が表示され色を設定できます（47ページ参照）。

15 文字列の移動

HINT

文字サイズはピンチイン・ピンチアウトで変更できます。

16 確認画面の表示

HINT

修正する場合には、左上の〈をタップして前の画面に戻ります。

17 スタンプの保存

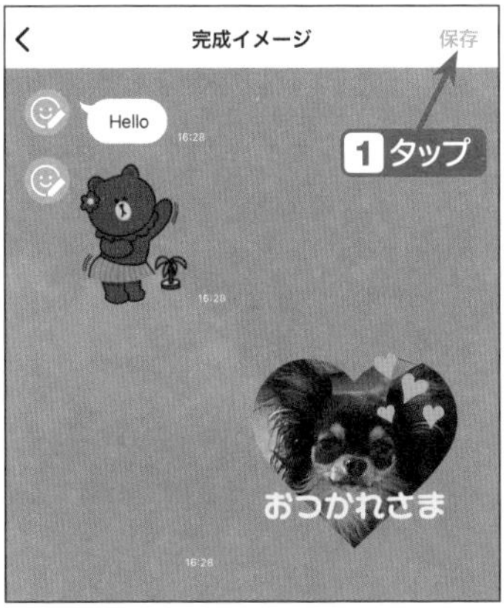

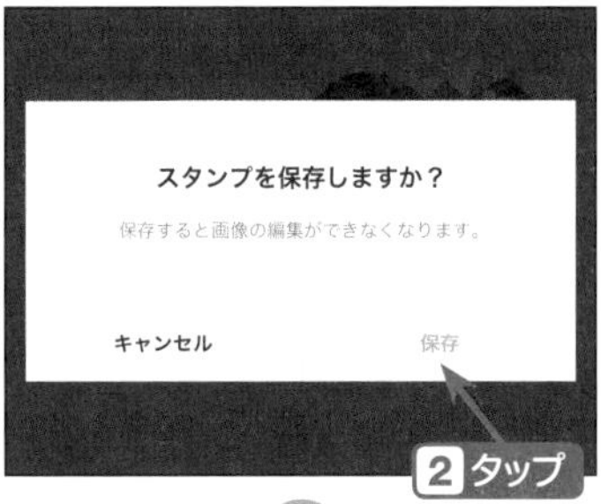
スタンプを保存しますか？
保存すると画像の編集ができなくなります。
キャンセル
保存
2 タップ

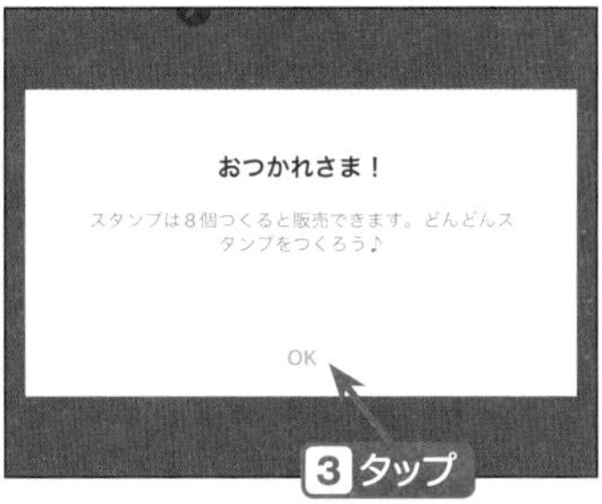
おつかれさま！
スタンプは8個つくると販売できます。どんどんスタンプをつくろう♪
OK
3 タップ

HINT

1つ目のスタンプを作成すると、「おつかれさま!」ウィンドウが表示されます。

ONEPOINT スタンプはパッケージに登録される

操作例のようにスタンプを保存すると、1つのパッケージが作成され、40個までのスタンプを登録できます。また、パッケージに8個のスタンプが登録されると、販売申請が可能になります。パッケージは複数作成することが可能なので、区別しやすいようにタイトルをつけておくとよいでしょう。パッケージにタイトルを付けるには、次のように操作します。

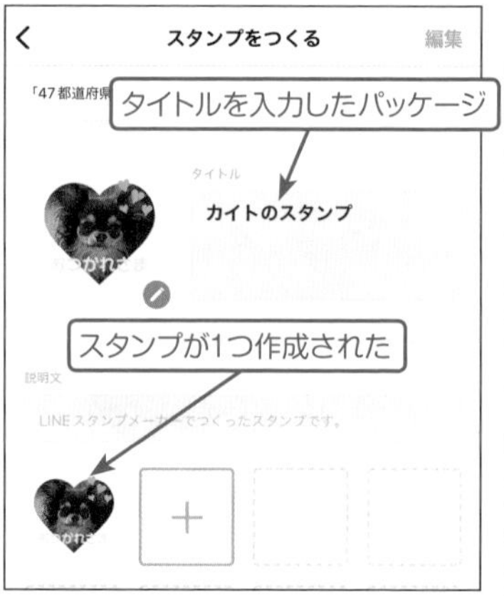

❶「タイトル」下のグレーの枠をタップします。

❷ 任意のタイトルを入力し、右上の[完了]をタップします。

ONEPOINT LINEスタンプメーカーの画像編集機能について

LINEスタンプメーカーでは、加工した写真に文字列やステッカーを追加することで動きや表情のあるスタンプを作成できます。また、画像編集では、操作例で利用した機能以外に、ドッラグして線画を描く🖌(ブラシ)、色合いを変更する▽(フィルター)、写真の明るさやコントラストなどを調整できる𝄃(色調)が用意されています。

◉フィルター

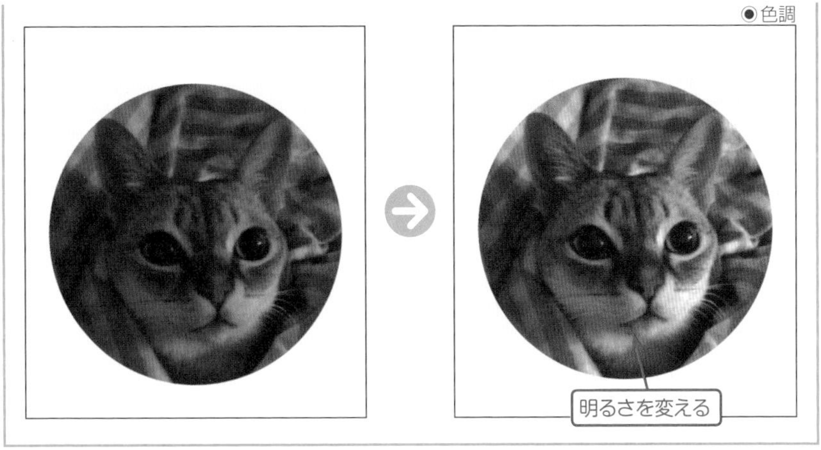

ONEPOINT
くり抜いた写真に縁取りをつける裏ワザ

文字列の「記号」を利用すると、次のように丸くくり抜いた写真に縁取りのような加工を施すことができます。記号を利用したスタンプの作成方法は101ページで詳しく紹介しているので、参照して下さい。

ONEPOINT 文字列の表示例・加工例の紹介

LINEスタンプメーカーの🅃（テキスト）ツールで入力した文字列は、次のように編集画面で扱うことができます。

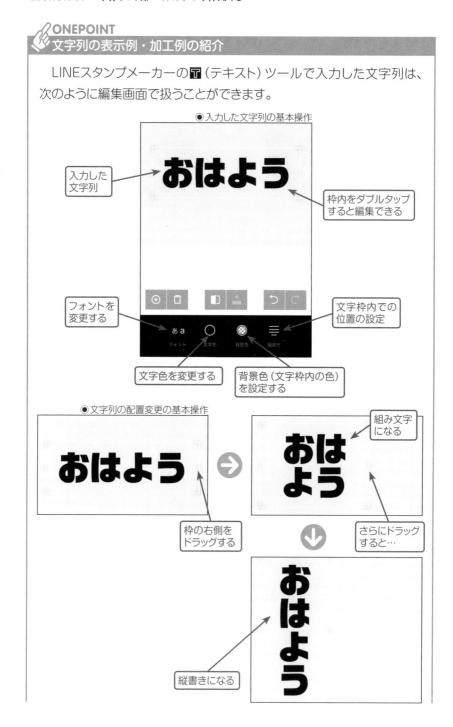

◉入力した文字列の基本操作

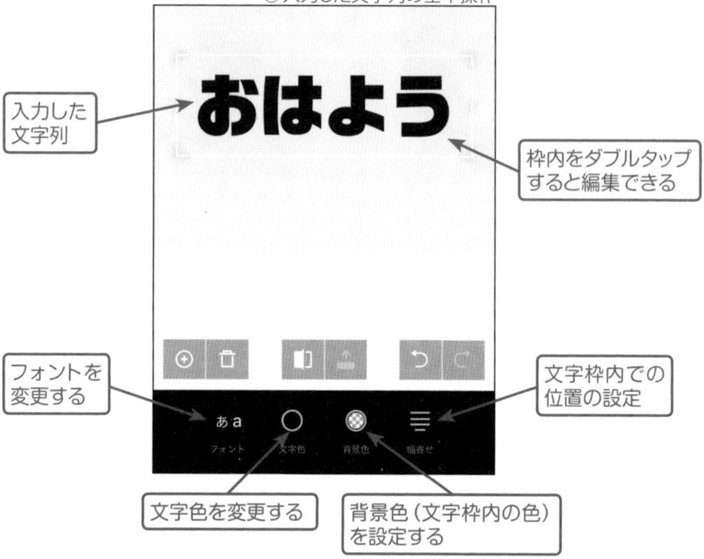

◉文字列の配置変更の基本操作

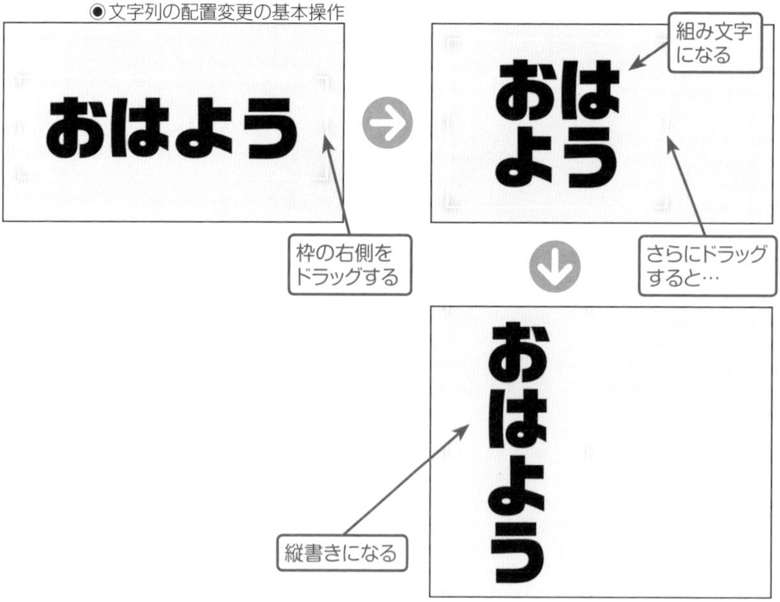

◉文字列を立体的に見せる

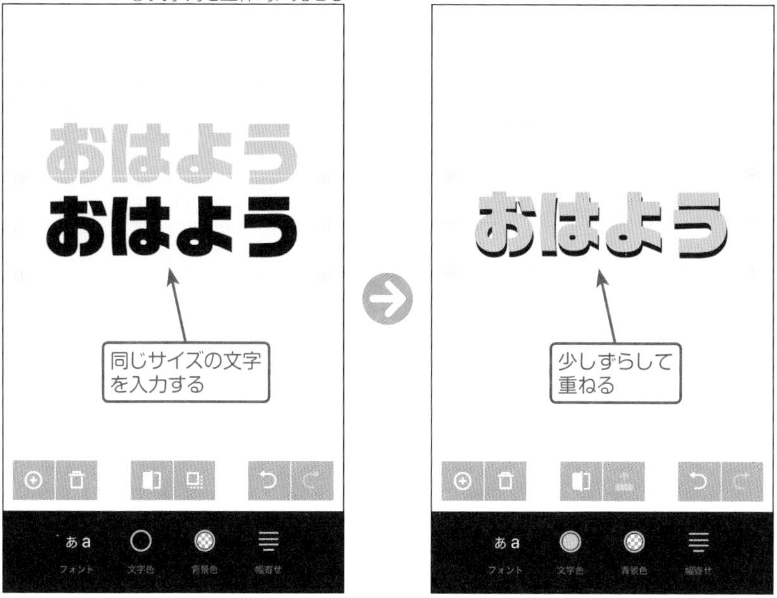

※文字列は作成した順で上に重なります。重ね順を変更したい場合には、下に重なる文字を選択して▣（上に変更）をタップします。

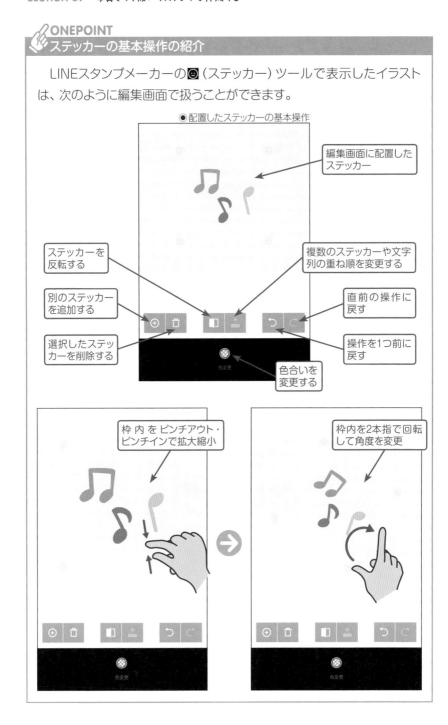

ONEPOINT
ステッカーの基本操作の紹介

LINEスタンプメーカーの☺（ステッカー）ツールで表示したイラストは、次のように編集画面で扱うことができます。

●配置したステッカーの基本操作

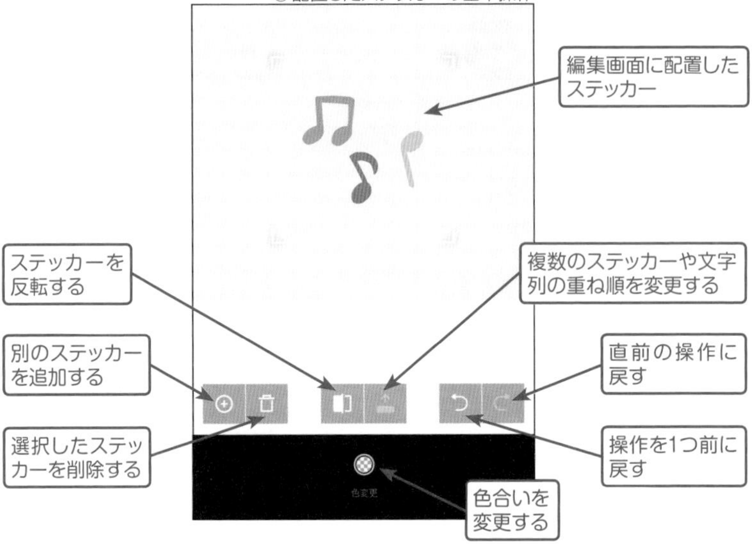
編集画面に配置したステッカー
ステッカーを反転する
複数のステッカーや文字列の重ね順を変更する
別のステッカーを追加する
直前の操作に戻す
選択したステッカーを削除する
操作を1つ前に戻す
色変更
色合いを変更する

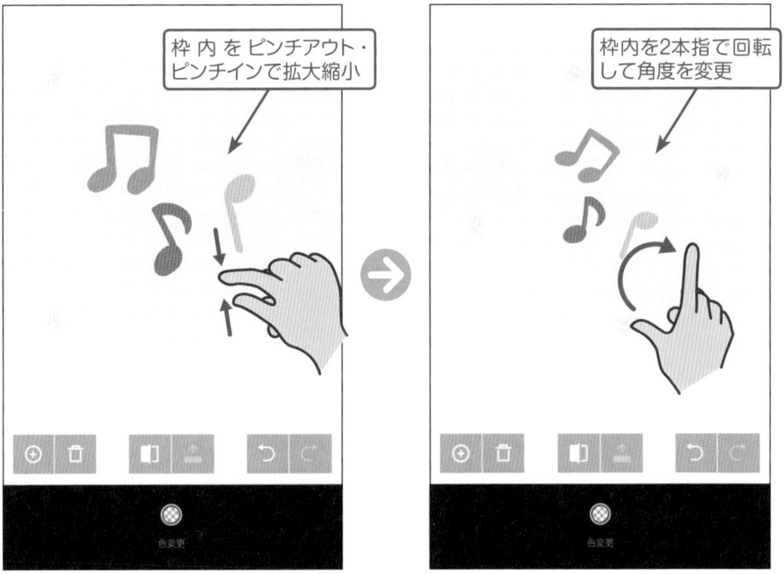
枠内をピンチアウト・ピンチインで拡大縮小
色変更
枠内を2本指で回転して角度を変更
色変更

ONEPOINT 色選択の基本操作の紹介

LINEスタンプメーカーの文字列やステッカーの色は、次のように変更することができます。ただし、ステッカーの色変更は、元の色に選択した色を追加したような色合いになります。

◉色選択の基本操作

◉写真内の色の指定

◉カラーピッカーを使った色設定

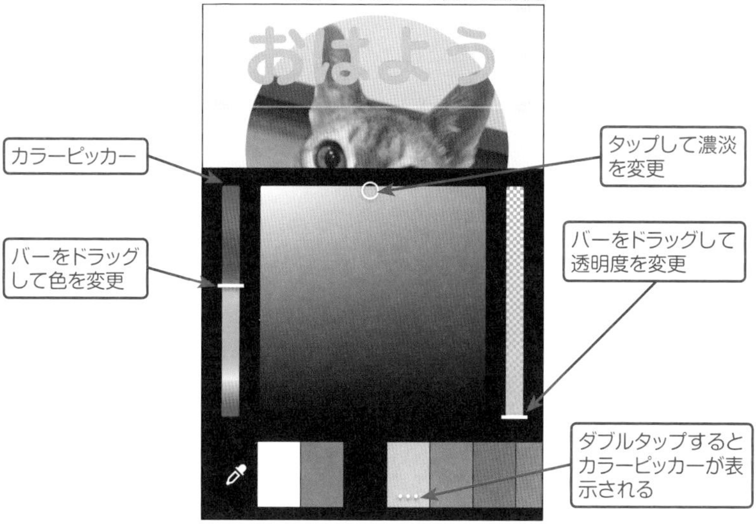

SECTION 10 写真にフレームを追加してスタンプを作成する

ここでは、LINEスタンプメーカーに用意されているデコフレームを利用して、スタンプを作成する方法を紹介します。

1 新規スタンプの作成

HINT

ここでは、42ページで作成したパッケージにスタンプを追加作成することとします。

2 アルバムの表示

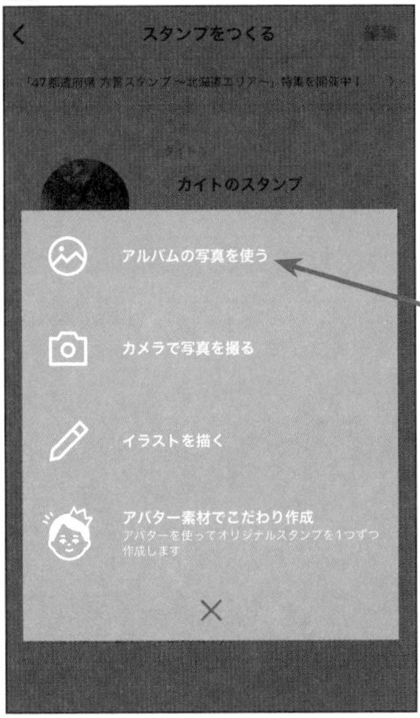

3 写真の選択

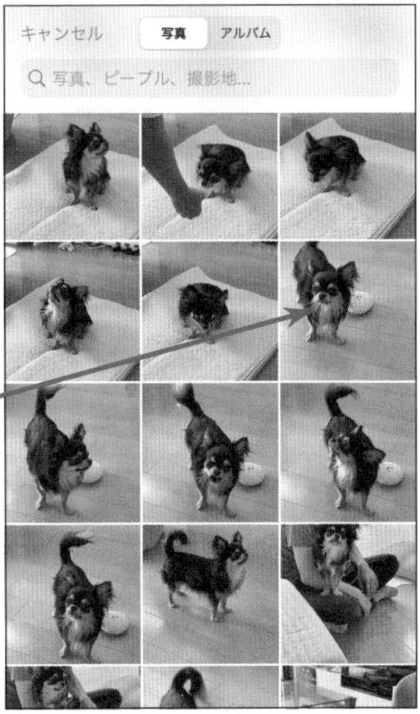

4 デコフレームの表示

5 デコフレームの追加

HINT

➕（追加）を選択すると新たにデコフレームをダウンロードすることができます。

6 デコフレームのダウンロード

7 図形内に配置する画像の調整

8 サイズと角度の調整

HINT

薄いグレーの長方形内に収まらない部分は削除されてしまうので注意が必要です。

9 画像編集

HINT

ここでは、画像編集は行わずに進むこととします。

10 スタンプの保存

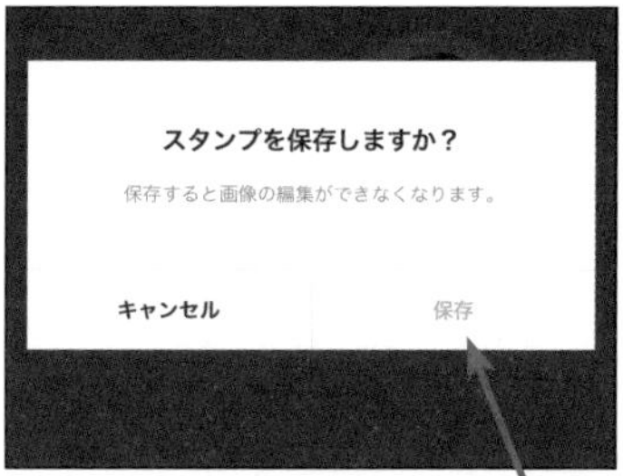

ONEPOINT デコフレームで素早くスタンプを作成

LINEスタンプメーカーのデコフレームは、イラストや文字が組み合わされて作成された、写真を配置して簡単にスタンプに仕上げることができるパーツです。目的に合った種類が見つかれば、絵心が無くても素早くスタンプに加工できるので便利です。なお、デコフレームは、季節やイベントの時期に合わせて新たに追加されます（アプリをアップデートすると追加される）。

SECTION 11 写真をなぞった形にくり抜いてスタンプを作成する

ここでは、写真を任意の形にくり抜いてスタンプを作成する方法を紹介します。

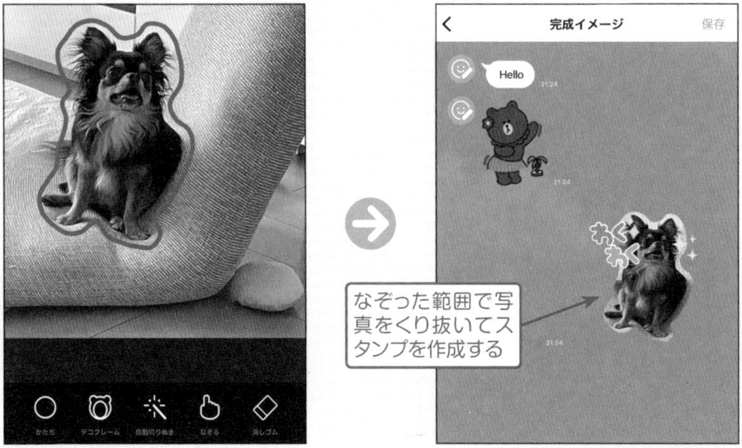

1 新規スタンプの作成

HINT

ここでは、42ページで作成したパッケージにスタンプを追加作成することとします。

2 アルバムの表示

スタンプをつくる
カイトのスタンプ
アルバムの写真を使う
カメラで写真を撮る
イラストを描く
アバター素材でこだわり作成
1 タップ

3 写真の選択

キャンセル
写真
アルバム
写真、ピープル、撮影地...
1 タップ

4 機能の選択

スキップ
1 タップ

5 切り抜く範囲の抽出

次へ
1 ピンチアウトして拡大する
スタンプにしたい部分を指でなぞってくださ

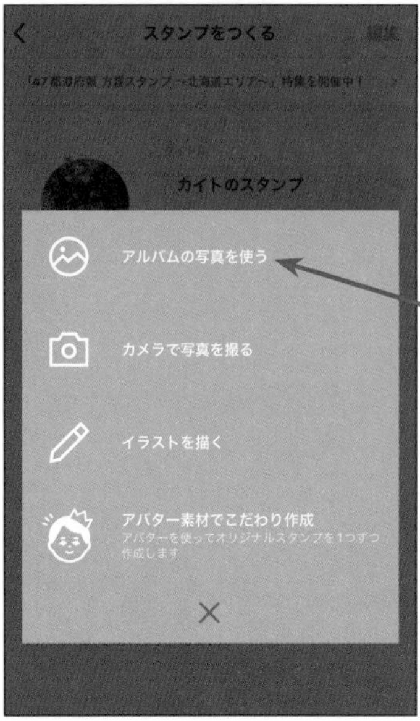

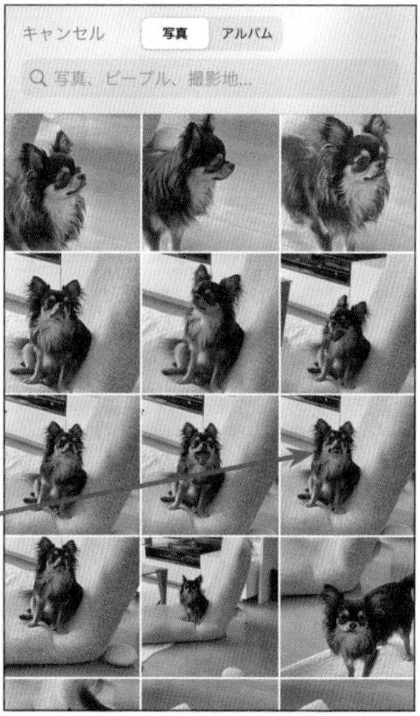

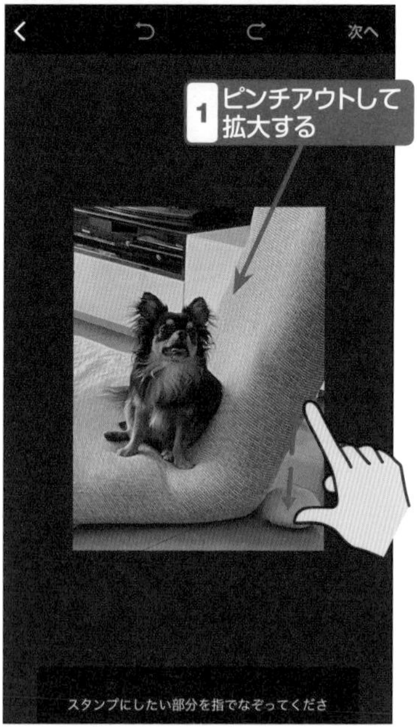

HINT

白い○のところまで周囲をなぞります。

HINT

ピンチアウトすると画像を拡大しつつなぞることができます。2本指でドラッグすると表示箇所を移動することができます。

6 範囲の微調整

HINT

画像を拡大すると微調整ができるようになります。

7 サイズと角度の調整

HINT

薄いグレーの長方形内に収まらない部分は削除されてしまうので注意が必要です。

HINT

輪郭を修正したい場合には左上の＜をタップして再編集します。

8 ステッカーの追加

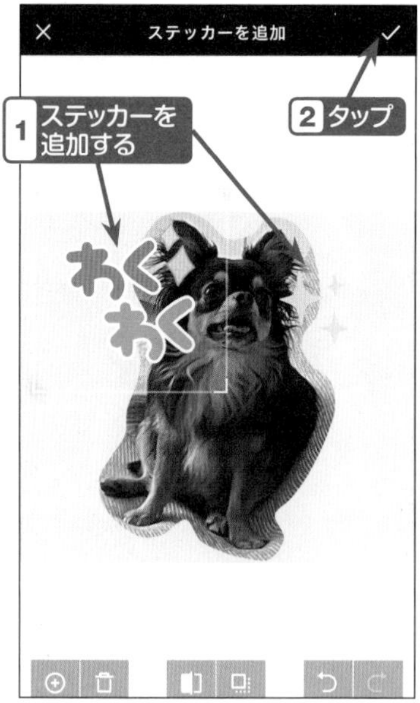

HINT

ステッカーや文字列を追加する方法は37〜41ページを参考にしてください。

9 スタンプの保存

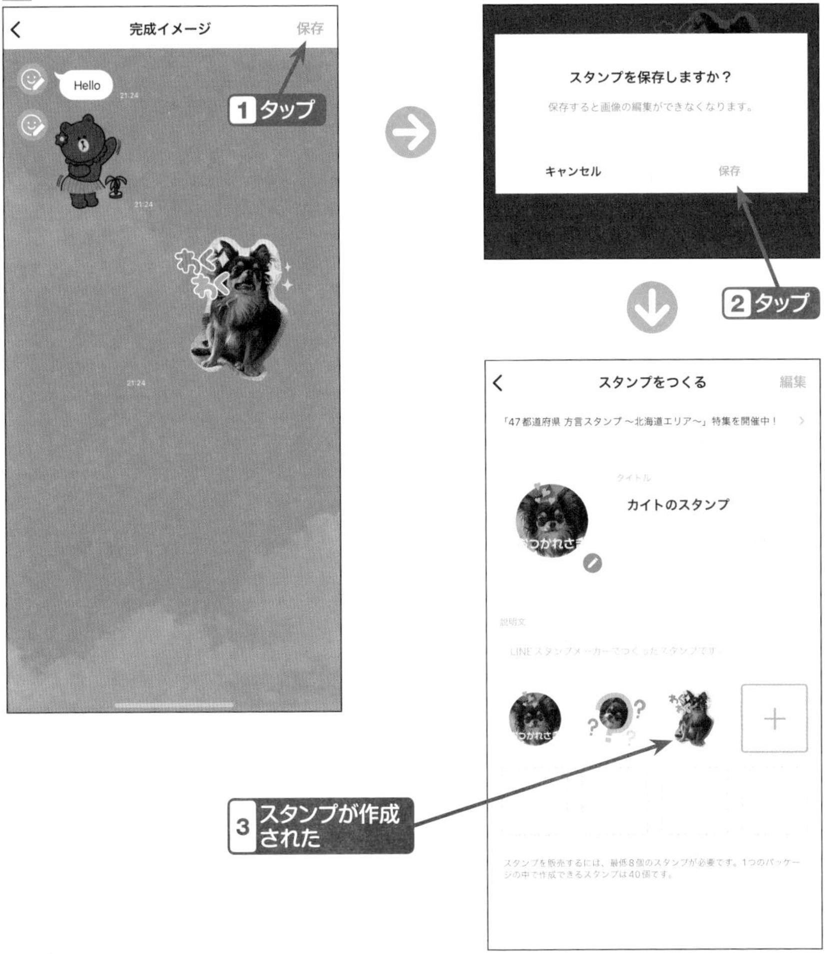

ONEPOINT
細かい描画や修正は画像を拡大して行う

LINEスタンプメーカーの（なぞる）機能では、画像をドラッグした範囲でくり抜いてスタンプを作成することができます。なぞった範囲には、図形を構成するアンカーポイント（緑色の点）が表示されるので、ドラッグすることで形状を変更できます。修正する際には、画像を拡大してアンカーポイントをドラッグすると、アンカーポイントの個数が追加され微調整ができるようになります。増えたアンカーポイントは、画像を縮小してドラッグすると削除され、大まかな修正ができるようになります。

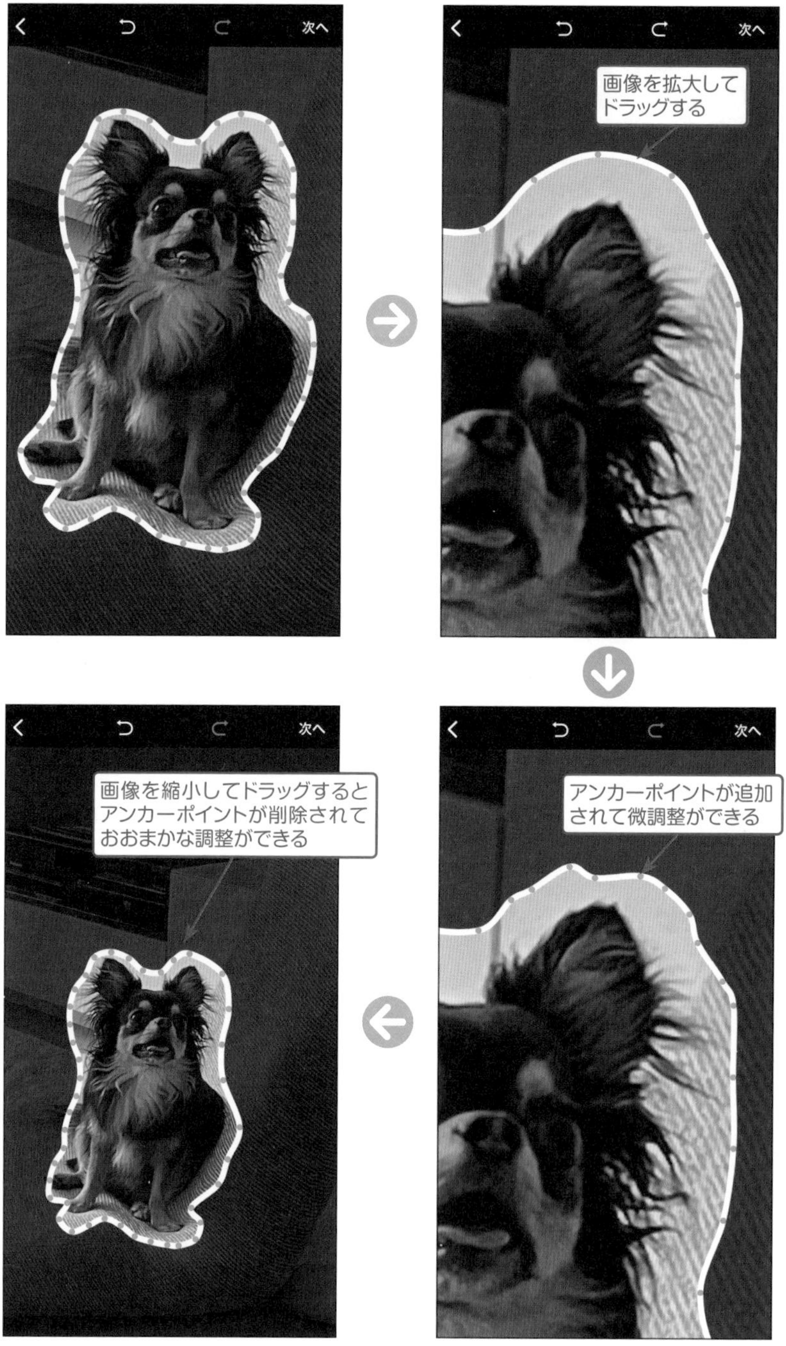
次へ
次へ
画像を拡大して
ドラッグする
次へ
アンカーポイントが追加
されて微調整ができる
次へ
画像を縮小してドラッグすると
アンカーポイントが削除されて
おおまかな調整ができる

SECTION 12 写真の背景を透明にしてスタンプを作成する

ここでは、画像の背景を削除してスタンプを作成する方法を紹介します。

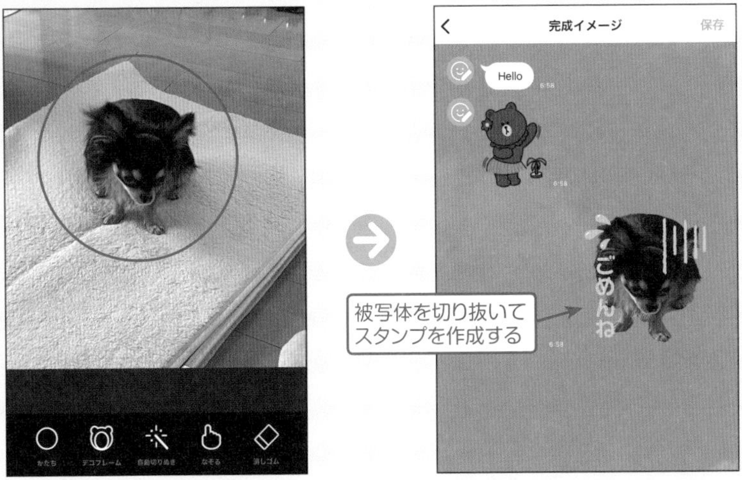

1 新規スタンプの作成

HINT

ここでは、42ページで作成したパッケージにスタンプを追加作成することとします。

2 アルバムの表示

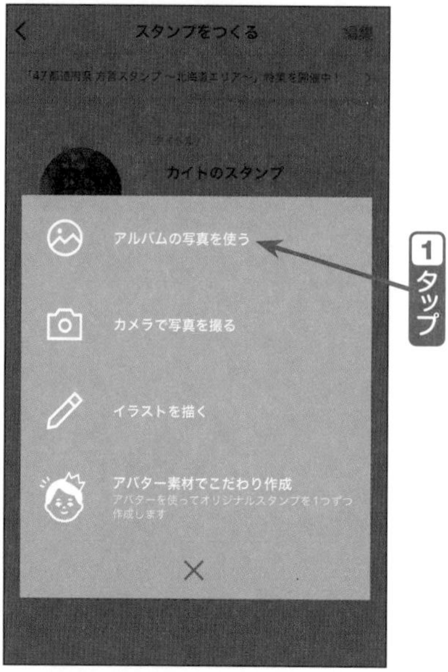

3 写真の選択

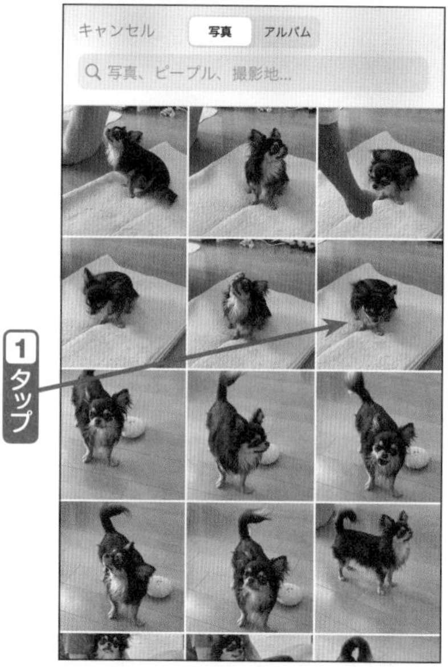

4 機能の選択

5 切り抜く範囲の抽出

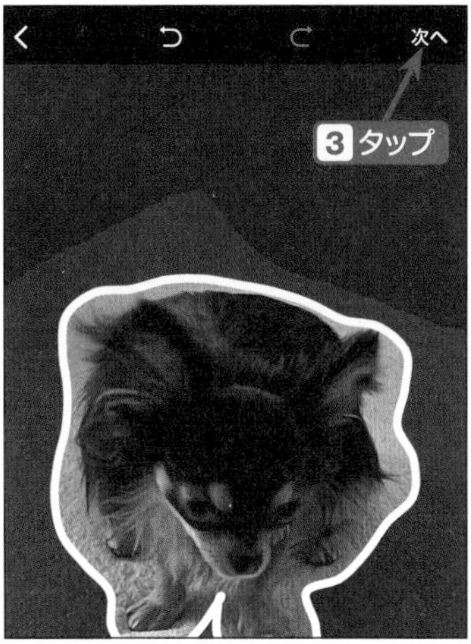

HINT
白い○のところまで周囲をなぞります。

HINT
ピンチアウトすると画像を拡大しつつなぞることができます。2本指でドラッグすると表示箇所を移動することができます。

6 切り抜く箇所の修正

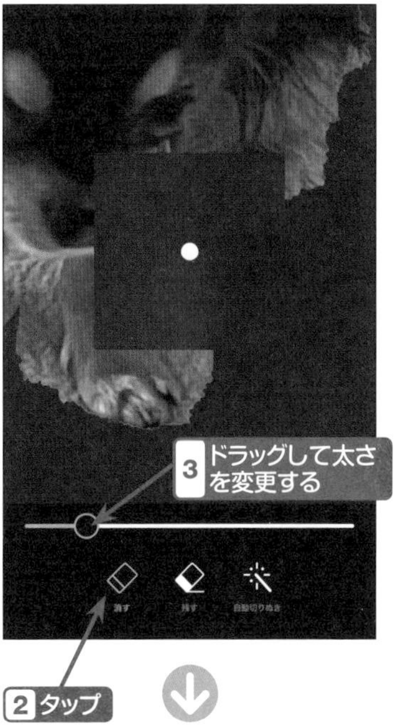

写真からスタンプを作成してみよう

4 消されていない範囲を
ドラッグして削除する

5 2本指でドラッグし別の
範囲も同様に操作する

6 タップ

HINT
操作例とは逆に、自動的に削除
されすぎてしまった箇所は、◈
（残す）を選択し同じように太さ
を設定してドラッグします。

HINT
画像を移動する際に、1本の指
でドラッグするとブラシが機能し
てしまうので注意が必要です。

HINT
操作をやり直したい場合には画
面上の⊃⊂を利用します。

7 サイズと角度の調整

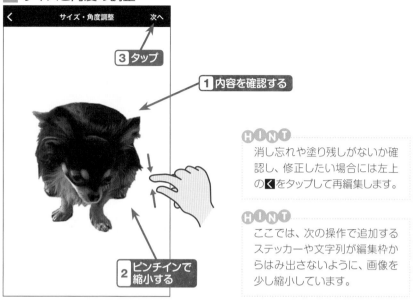

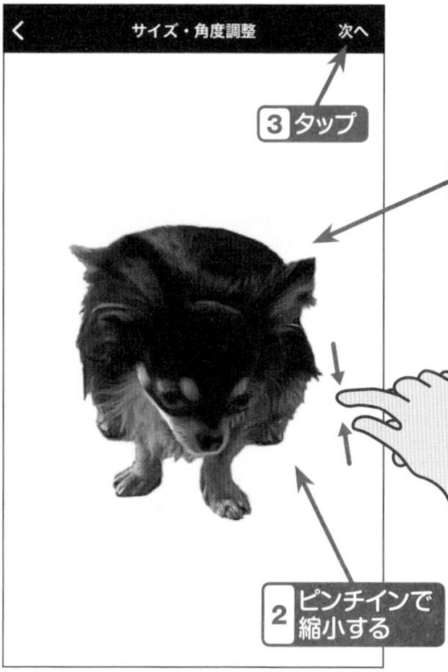

HINT

消し忘れや塗り残しがないか確認し、修正したい場合には左上の＜をタップして再編集します。

HINT

ここでは、次の操作で追加するステッカーや文字列が編集枠からはみ出さないように、画像を少し縮小しています。

8 ステッカーと文字列の追加

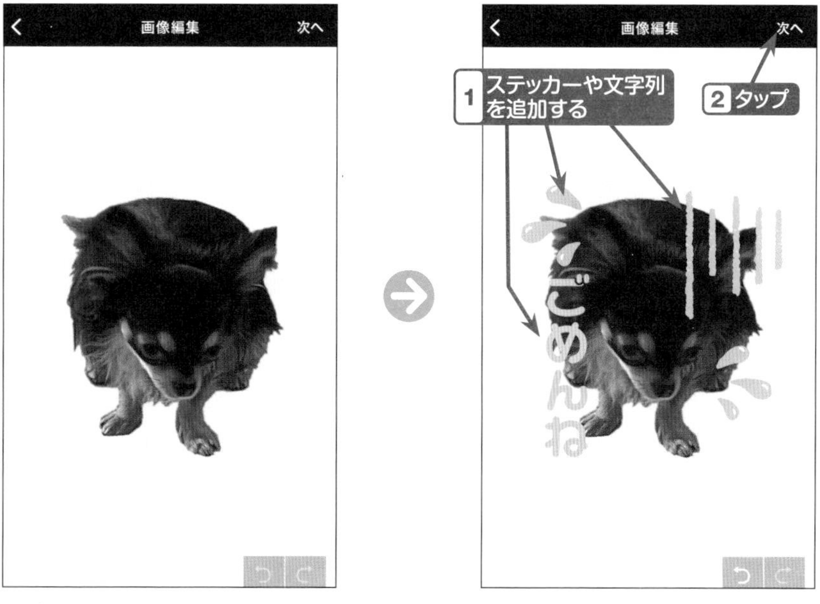

HINT

ステッカーや文字列を追加する方法は37〜41ページを参考にしてください。

9 スタンプの保存

3 スタンプが作成された

ONEPOINT
背景を透明にする場合の注意点

LINEスタンプメーカーの（自動切り抜き）機能を利用すると、なぞった範囲内の背景を削除することができます。すばやく目的の被写体のみを抽出できるので便利です。ただし、自動機能を実行しても、削除すべき部分に消し残しがある、被写体の一部が透明になってしまうことがあります。そのような部分は、スタンプとして申請した際にリジェクトの対象になってしまうので、よく確認し修正してからスタンプを仕上げる必要があります。

ONEPOINT
別のソフトやアプリで背景を透明化して使う場合

LINEスタンプメーカーでは、パソコンのグラフィックソフトや、スマホの画像編集アプリなどで、背景を透明化した画像（透過PNG）も利用することができます。透過PNGファイルは、あらかじめスマホのアルバムに保存しておき、「アルバムの写真を使う」から読み込みます。なお、本書では、111ページで他のアプリで画像を加工してスタンプを作成する方法を紹介しているので、参照してください。

SECTION 13 紙に描いたイラストを撮影してスタンプを作成する

ここでは、紙に描いたイラストを画像として読み込んで、スタンプを作成する方法を紹介します。

1 新規スタンプの作成

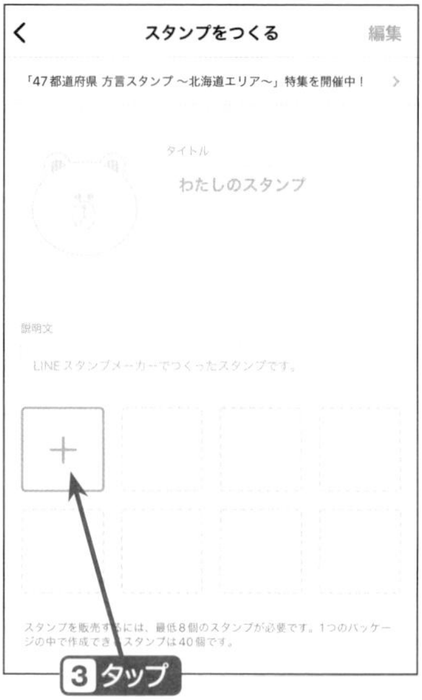
スタンプをつくる
編集
「47都道府県 方言スタンプ ～北海道エリア～」特集を開催中！
タイトル
わたしのスタンプ
説明文
LINE スタンプメーカーでつくったスタンプです。
3 タップ

HINT

ここでは、新規パッケージにスタンプを作成することとします。

2 カメラの起動

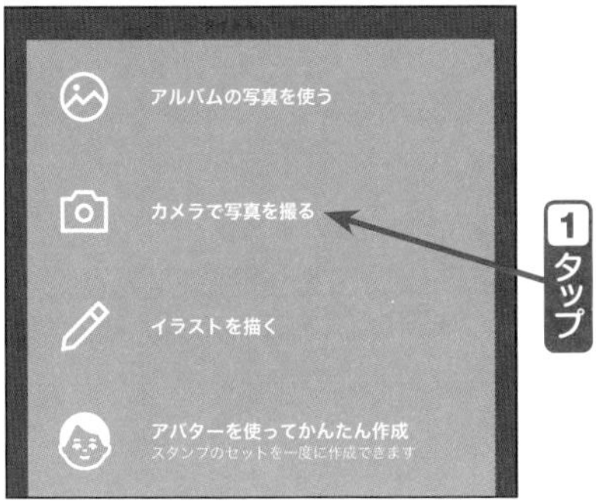

HINT

ここでは、LINEスタンプメーカーのカメラを利用していますが、あらかじめスマホのカメラで撮影した写真を使うときには、「アルバムの写真を使う」を選択します。

3 イラストの撮影

HINT

イラストにスマホの影がかからないように注意して撮影しましょう。

4 機能の選択

HINT

ここでは、イラストの背景を透明にしてスタンプを作成することとします。

5 切り抜く範囲の抽出

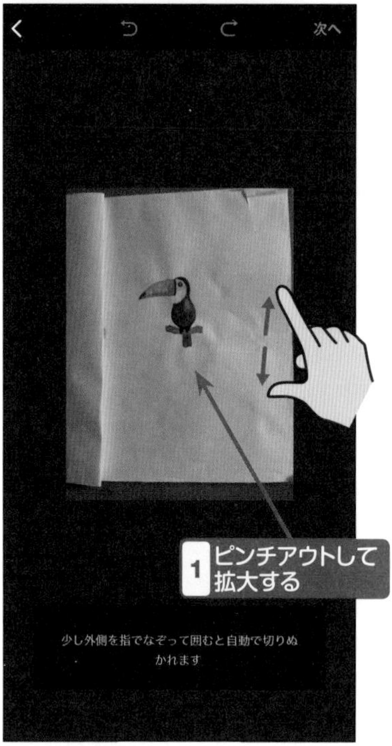
次へ
1 ピンチアウトして拡大する
少し外側を指でなぞって囲むと自動で切りぬかれます

HINT
ピンチアウトすると画像を拡大しつつなぞることができます。2本指でドラッグすると表示箇所を移動することができます。

次へ
2 ドラッグしてなぞる

HINT
白い○のところまで周囲をなぞります。

6 切り抜く箇所の修正

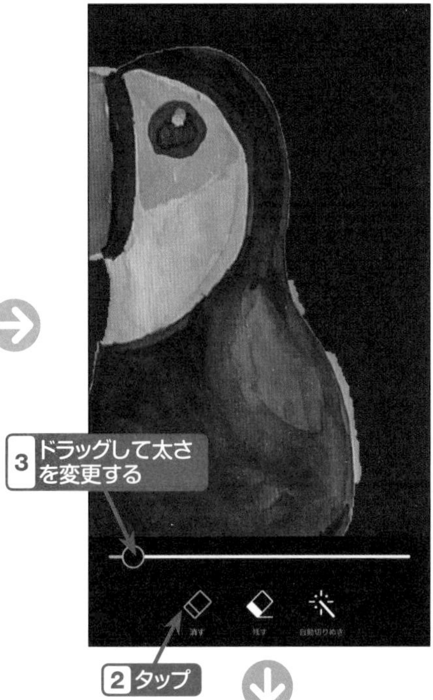

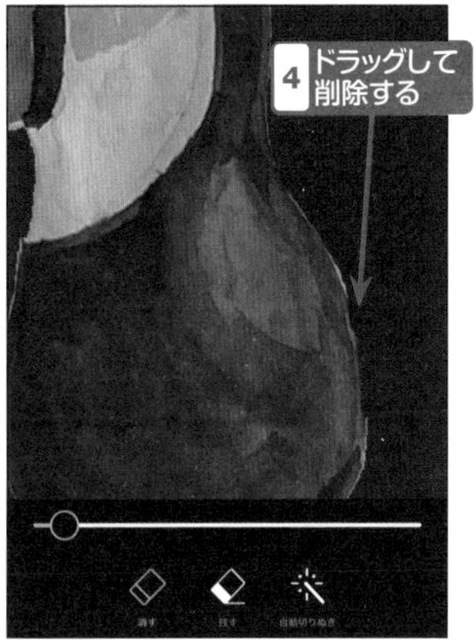

HINT

2本指でドラッグし表示箇所を変更しながら修正を実行します。

7 サイズと角度の調整

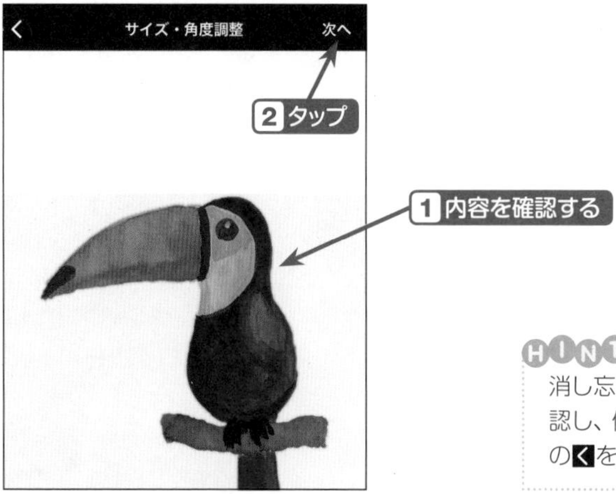

HINT
消し忘れや塗り残しがないか確認し、修正したい場合には左上の＜をタップして再編集します。

8 色調の補正

HINT
（露出）とは写真の光の量を調整する機能です。

9 ステッカーの追加

HINT

ステッカーや文字列を追加する方法は37～41ページを参考にしてください。

10 スタンプの保存

ONEPOINT
撮影したイラストは「色調」で調整する

紙に描いたイラストを利用すると、紙の質感や手書きの風合いが表現され、味わいのあるスタンプに仕上げることができます。ただし、写真に撮影すると、もとの画像より暗くなってしまうことが多いため、操作例8の要領で「色調」機能を使って調整し、元の色合いに近づけることがポイントです。画像を明るくする場合には、「明るさ」「コントラスト」「露出」「ハイライト」を利用すると良いでしょう。

ONEPOINT
手書きイラストの加工例

操作例では、背景を透明化していますが、イラストのタッチの種類によっては不向きな場合もあります。イラストの内容によって、●(かたち)や👆(なぞる)などツールを使い分けると良いでしょう。

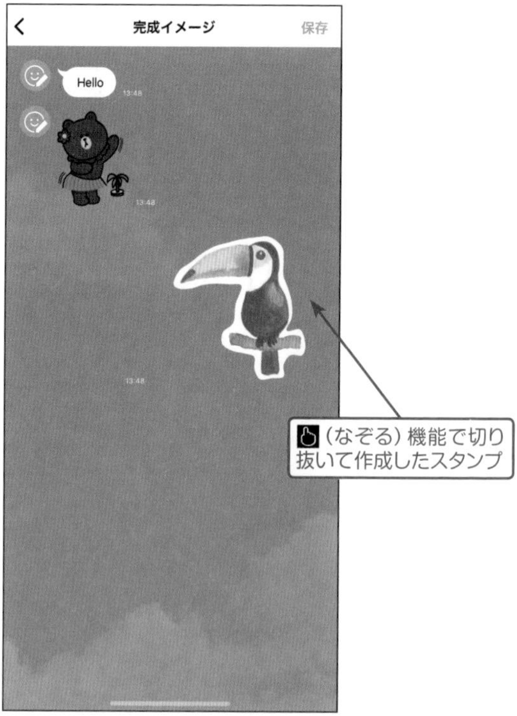

SECTION 14 複数の写真を使って スタンプを作成する

通常、LINEスタンプメーカーで利用できる写真はスタンプ1つにつき1枚ですが、工夫すると複数の写真で1つのスタンプを作成することができます。ここでは、2枚の写真を使ってスタンプを作成する方法を紹介します。

2 写真からスタンプを作成してみよう

2枚の写真を使って
スタンプを作成する

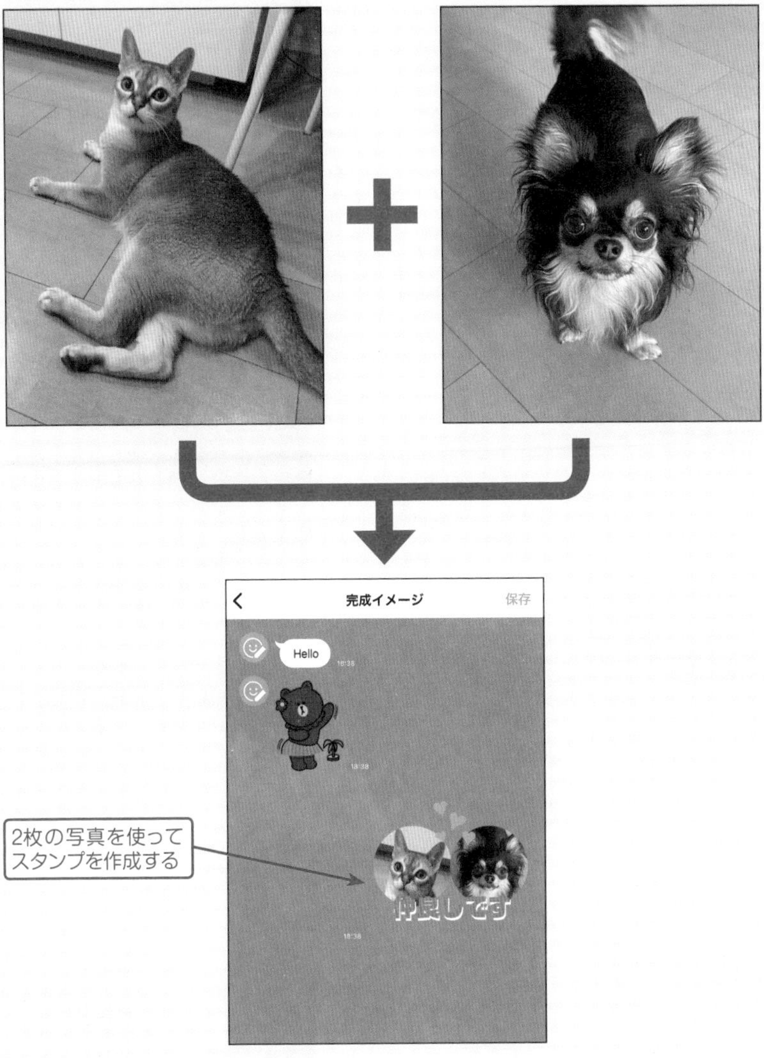

1 新規スタンプの作成

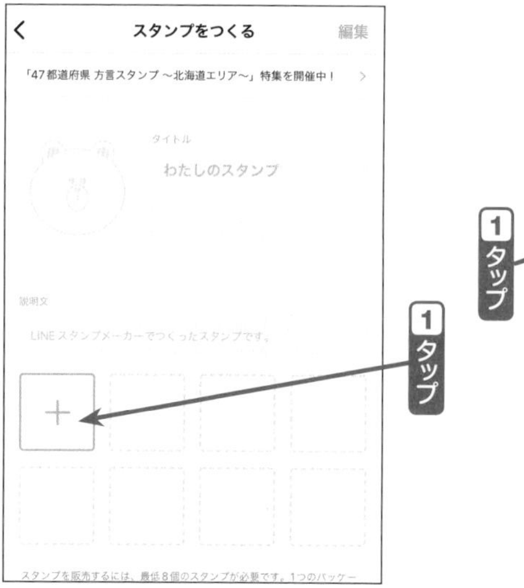

HINT ここでは、新規パッケージにスタンプを作成することとします。

2 メニューの選択

3 写真の選択

4 ツールの選択

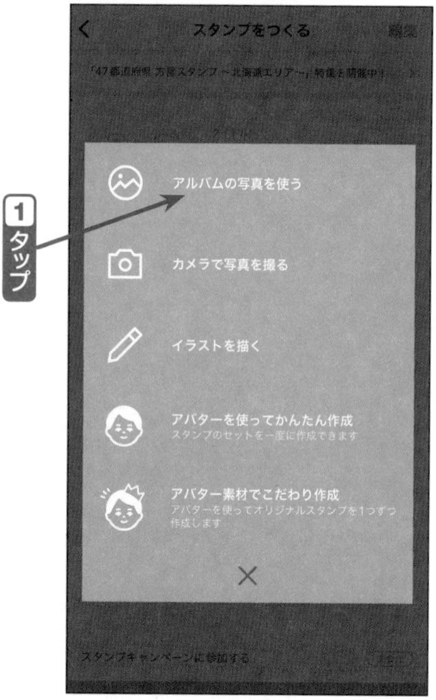

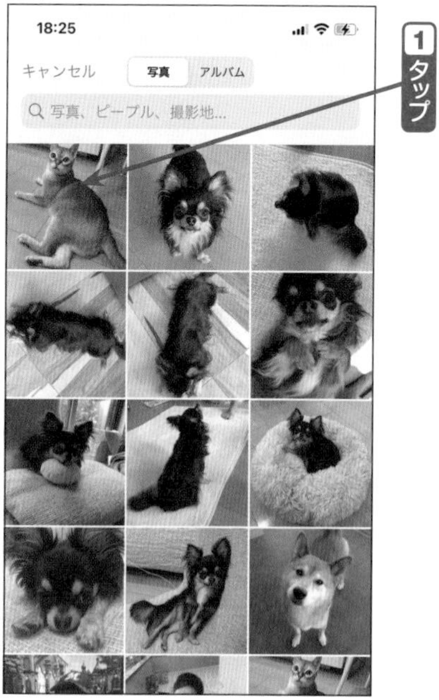

5 形の選択と画像の調整

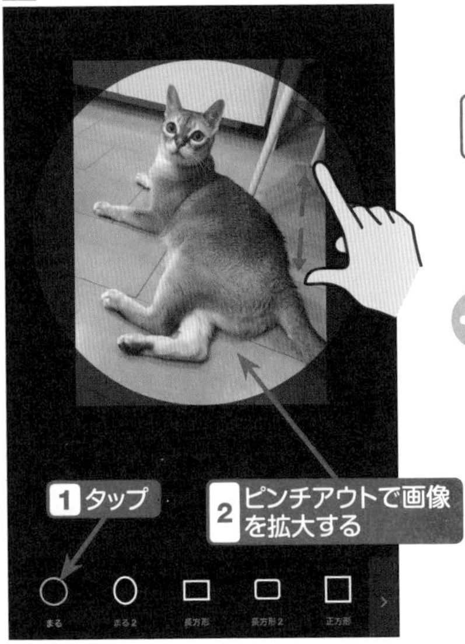

HINT
「ピンチアウト」とは、2本の指で同時にタッチして拡大する操作です。

6 サイズ・角度の調整

HINT
ここでは、何も操作しないで進むこととします。

7 画像編集

HINT
ここでは、何も操作しないで進むこととします。

8 スタンプの保存

完成イメージ
保存
Hello
1 タップ

スタンプを保存しますか？
保存すると画像の編集ができなくなります。
キャンセル
保存
2 タップ

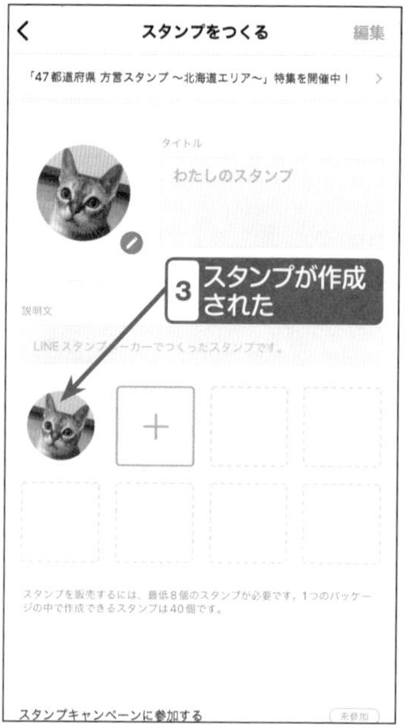
スタンプをつくる
編集
「47都道府県 方言スタンプ ～北海道エリア～」特集を開催中！
タイトル
わたしのスタンプ
説明文
LINEスタンプメーカーでつくったスタンプです。
3 スタンプが作成された
スタンプを販売するには、最低8個のスタンプが必要です。1つのパッケージの中で作成できるスタンプは40個です。
スタンプキャンペーンに参加する
未参加

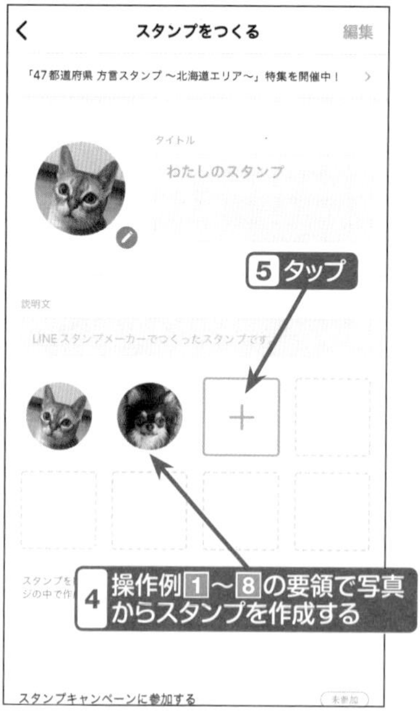
スタンプをつくる
編集
「47都道府県 方言スタンプ ～北海道エリア～」特集を開催中！
タイトル
わたしのスタンプ
5 タップ
説明文
LINEスタンプメーカーでつくったスタンプです。
4 操作例1～8の要領で写真からスタンプを作成する
スタンプキャンペーンに参加する
未参加

9 メニューの選択

1 タップ

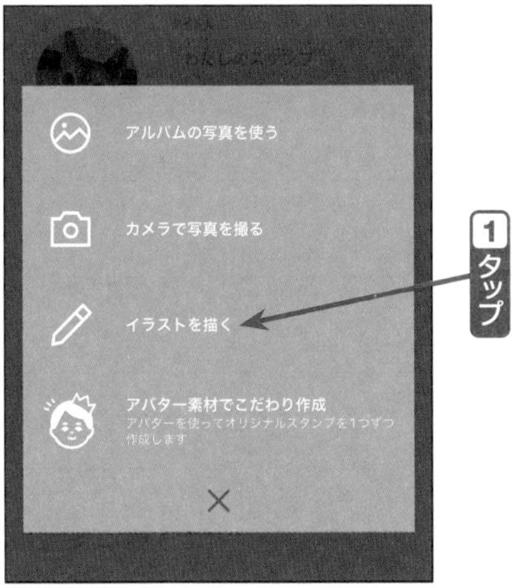

HINT
ここでは、「イラストを描く」を
選択します。

11 Myステッカーの表示と選択

2 タップ

1 タップ

10 ツールの選択

1 タップ

2 写真からスタンプを作成してみよう

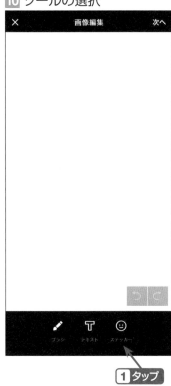

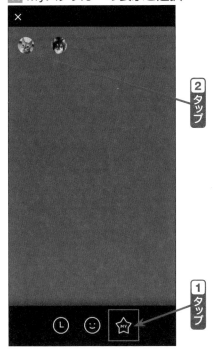

HINT
同じパッケージに作成したスタ
ンプは「Myステッカー」からス
テッカーとして選択することが
できます。

写真からスタンプを作成してみよう

12 ステッカーの追加

1 タップ

HINT
⊙ をタップするとステッカーを
追加することができます。

13 Myステッカーの表示と選択

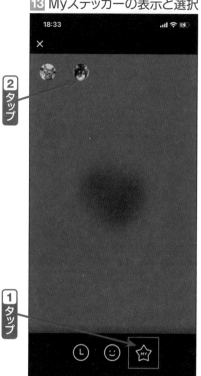

2 タップ

1 タップ

14 ステッカーの配置の変更

**1 ドラッグして配置を
変更する**

3 タップ

**2 ピンチアウトでサイズ
を変更する**

HINT
読み込んだステッカーが同じ位置に重なっているので、ドラッグして移動します。

15 ステッカーや文字列の追加

16 スタンプの保存

ONEPOINT
複数写真はステッカーとして利用する

1つのパッケージに作成したスタンプは、☺（ステッカー）の「Myステッカー」から選択できるようになります。そのため、写真をいったんスタンプとして保存して、「イラストを描く」メニューから「ステッカー」として読み込むことで、複数の写真を編集画面上で扱うことが可能になります。なお、「Myステッカー」の利用方法については、129ページで詳しく説明しているので参考にしてください。

CHAPTER 3

イラスト機能を使って
スタンプを作成してみよう

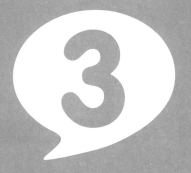

SECTION 15 LINEスタンプメーカーで描けるイラストについて

ここでは、LINEスタンプメーカーのイラスト機能について説明します。

「ブラシ」「文字列」「ステッカー」を使ってスタンプを作成

LINEスタンプメーカーでは、「イラストを描く」メニューを選択すると、編集画面から各ツールを利用して次のようなスタンプを作成することができます。

◆編集画面

◆ブラシツール

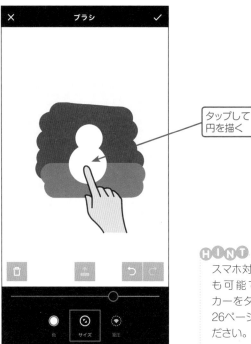

HINT

スマホ対応のタッチペンを使用することも可能です。なお、LINEスタンプメーカーをタブレット端末で利用する方法は26ページのONEPOINTを参考にしてください。

◆テキストツール

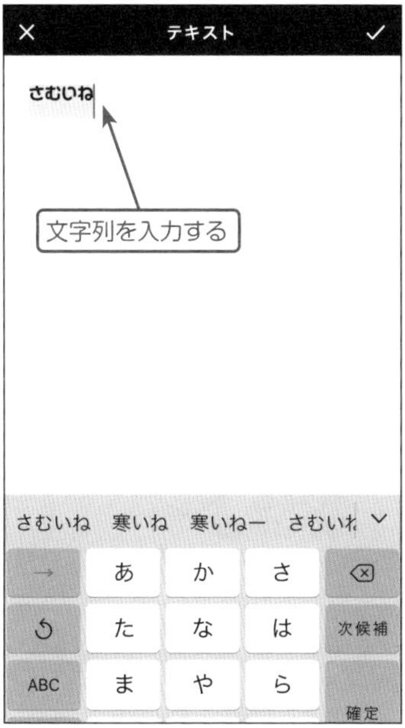

◆ステッカーツール

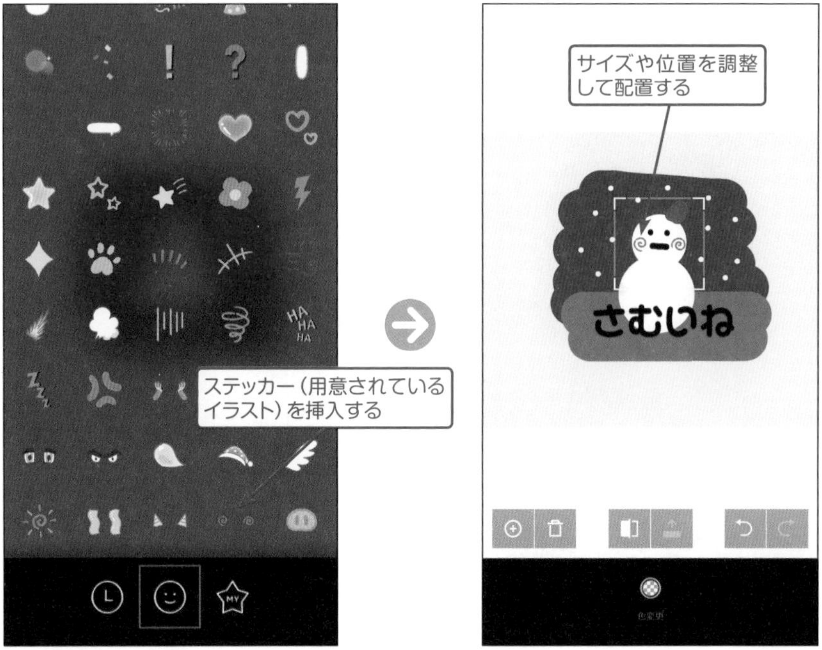
ステッカー（用意されているイラスト）を挿入する
サイズや位置を調整して配置する
さむいね

ONEPOINT
文字列とステッカーのみでも作成可能

ブラシツールで1からイラストを描くことが難しい場合には、文字列とステッカーを使ってスタンプを作成してもよいでしょう。テキストツールにはフォントも用意されており、ステッカーツールでは絵柄の色や形を変更できるので、様々な種類を組み合わせて、独自のスタンプを作成することができます。

◉文字列とステッカーでの作成例

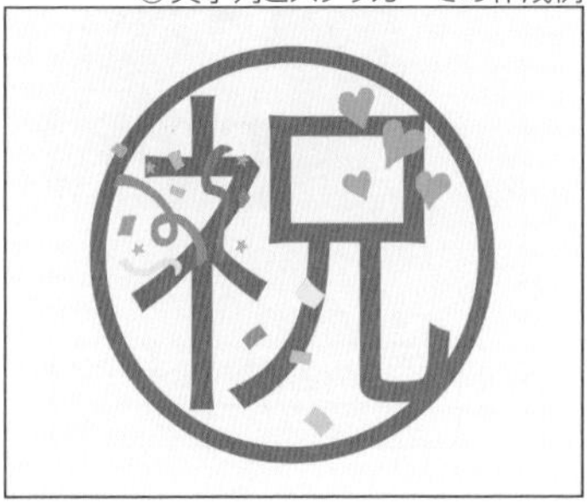
祝

おはよー

ONEPOINT
本格的な描画はペイントアプリを利用しよう

LINEスタンプメーカーの作画機能には、通常のペイントアプリに搭載されている、線画抽出や塗りつぶしなどは用意されていません。そのため、紙に手書きで描いた下書きからイラストを作成したい場合には、作画機能のみペイントアプリを利用し、LINEスタンプメーカーに読み込んでスタンプに加工するとよいでしょう。本書では、111〜125ページでその方法を紹介しています。

◉別アプリで作成したイラスト

◉LINEスタンプメーカー

SECTION 16 イラストを手書きしてスタンプを作成する

ここでは、「ブラシ」ツールを利用して、手書きイラストのスタンプを作成する方法を説明します。

さむいね
完成イメージ
保存
Hello
イラストを描いてスタンプを作成する
さむいね

1 新規スタンプの作成

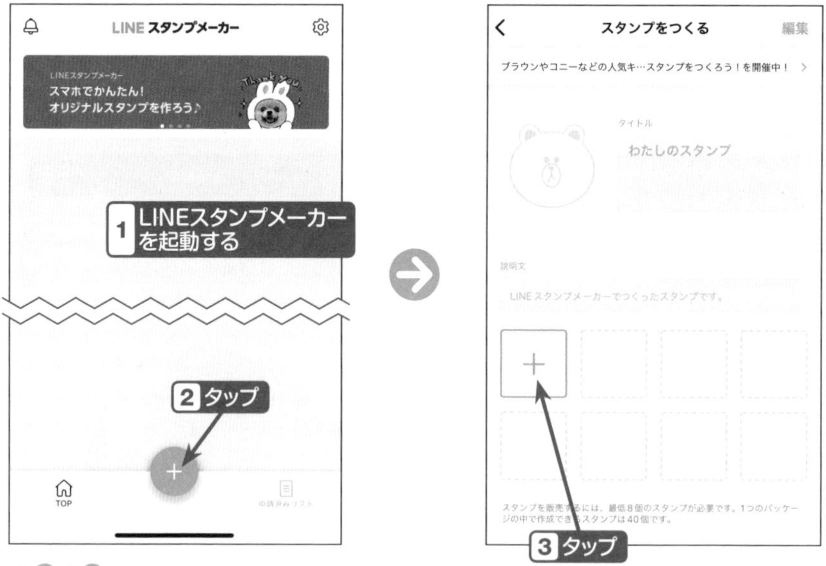
LINE スタンプメーカー
LINEスタンプメーカー
スマホでかんたん!
オリジナルスタンプを作ろう♪
1 LINEスタンプメーカーを起動する
2 タップ
TOP
スタンプをつくる
編集
ブラウンやコニーなどの人気キ…スタンプをつくろう！を開催中！
タイトル
わたしのスタンプ
説明文
LINE スタンプメーカーでつくったスタンプです。
スタンプを販売するには、最低8個のスタンプが必要です。1つのパッケージの中で作成できるスタンプは40個です。
3 タップ

HINT
ここでは、新規パッケージにスタンプを作成することとします。

2 メニューの選択

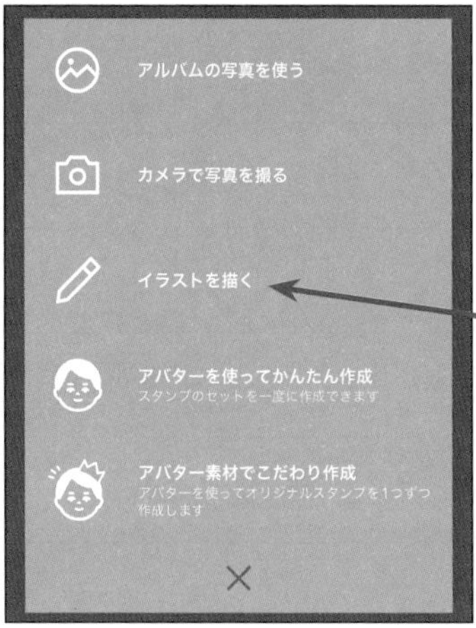

3 ツールの選択

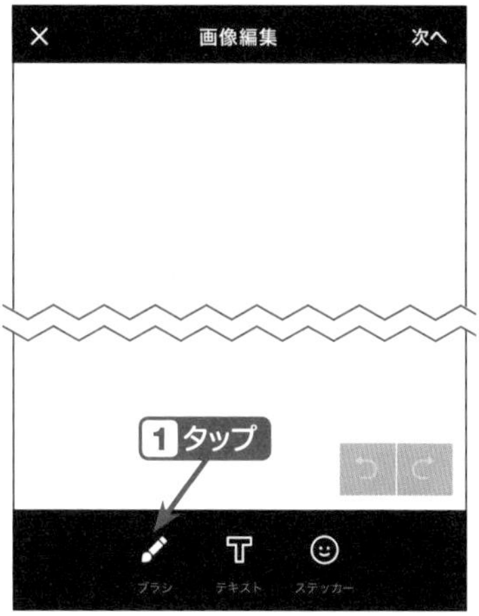

4 色の選択

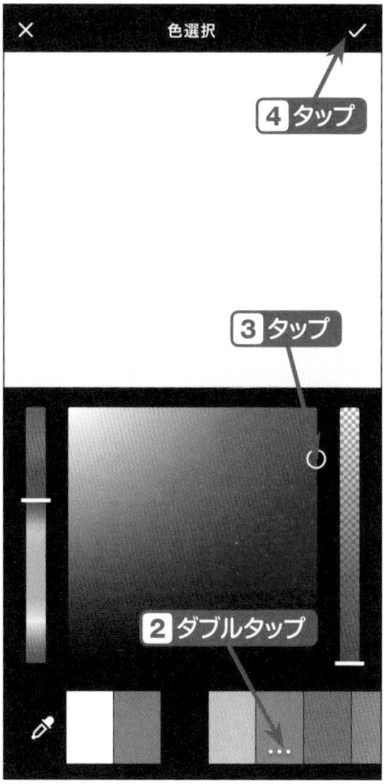

HINT

色をダブルタップするとカラーピッカー（グラデーションから色を選択できる機能）が表示され色を設定できます（47ページ参照）。

5 サイズの設定

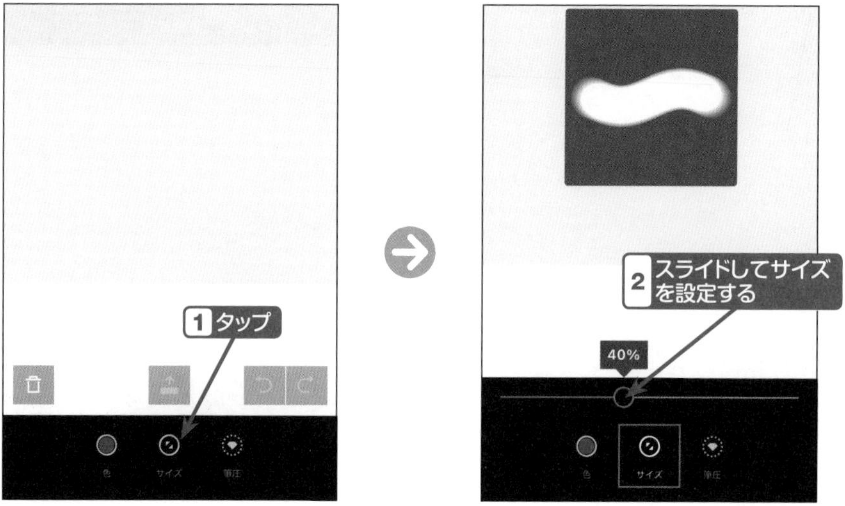

HINT

右にスライドするほどサイズが大きくなります。ここではサイズを40%に設定することとします。

6 筆圧の設定

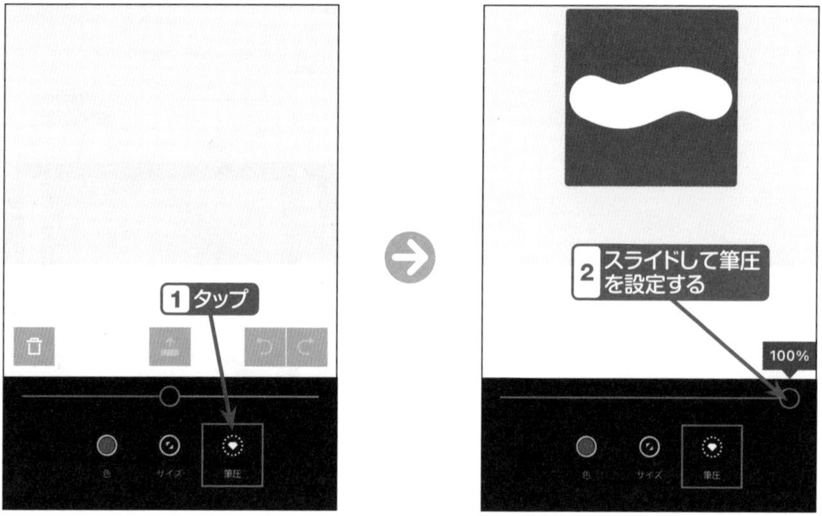

HINT

右にスライドするほど輪郭がはっきりします。ここでは、輪郭のはっきりしたイラストを描くために筆圧を100%に設定することとします。

7 ブラシでの描画

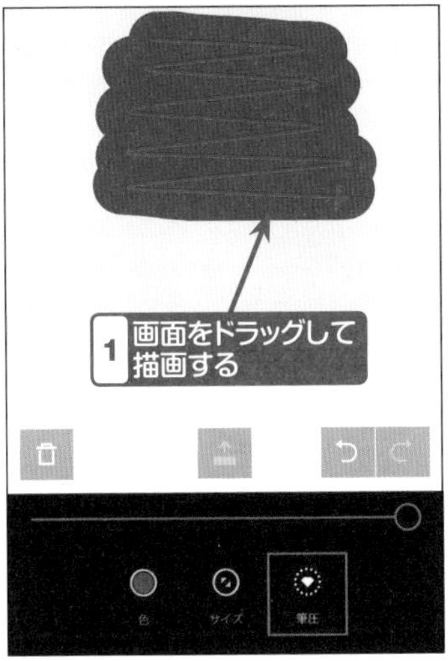

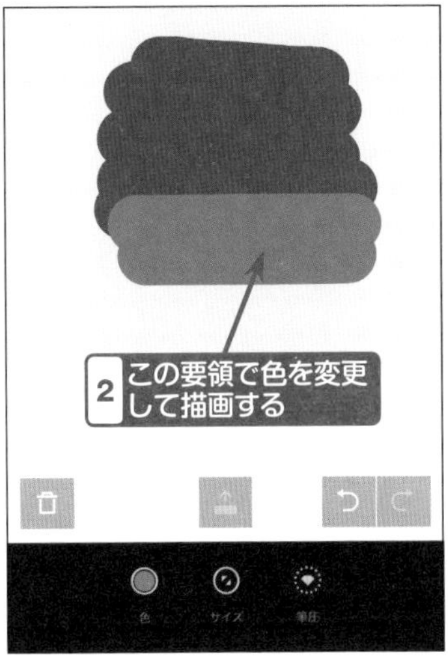

HINT
イラストの背景になる部分から順に上に重ねていく要領で作画します。

HINT
塗りつぶしていない部分があるとリジェクトの対象になってしまうので注意が必要です。

8 色とサイズの変更

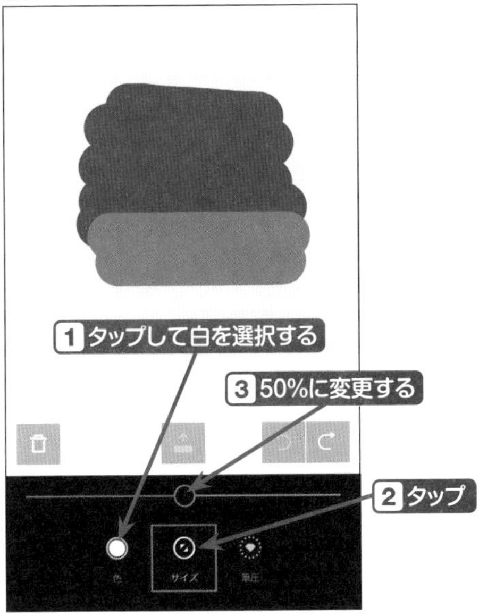

9 小さい円の描画

HINT
タップするだけで円を描画することができます。

10 サイズの変更

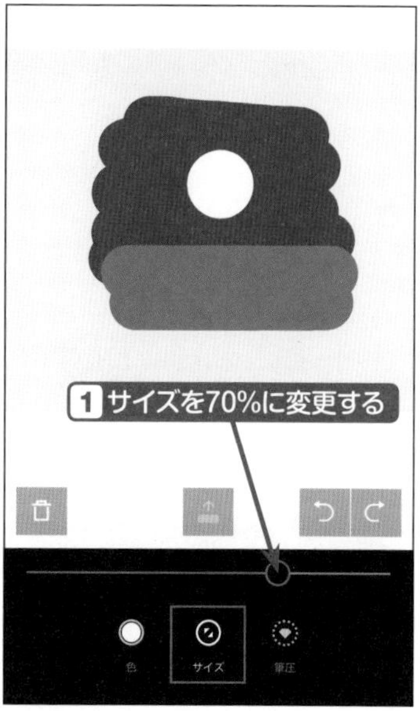

11 大きい円の描画

HINT

うまく描けなかった場合には、（操作を1つ前に戻す）をタップしてやり直すとよいでしょう。

12 イラストの描画

ブラシ
2 タップ
色：赤　サイズ：10%
色：黒　サイズ：5%
色：白　サイズ：5%
1 操作例3～11の要領でイラストを作成する
色
サイズ
筆圧

13 文字列の挿入

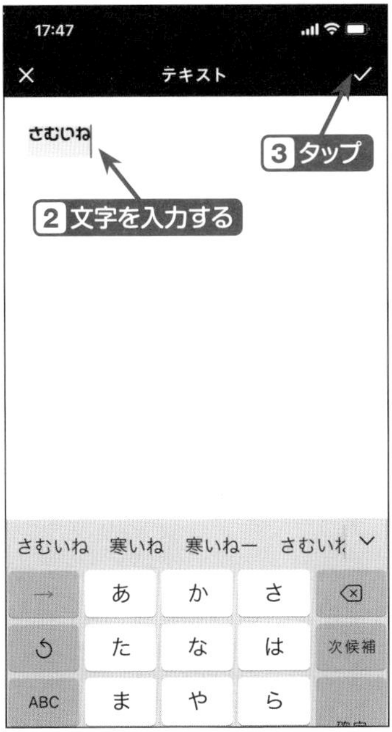

14 文字列のサイズと位置の調整

HINT

文字列編集の詳細は44ページを参照してください。

15 ステッカーの選択

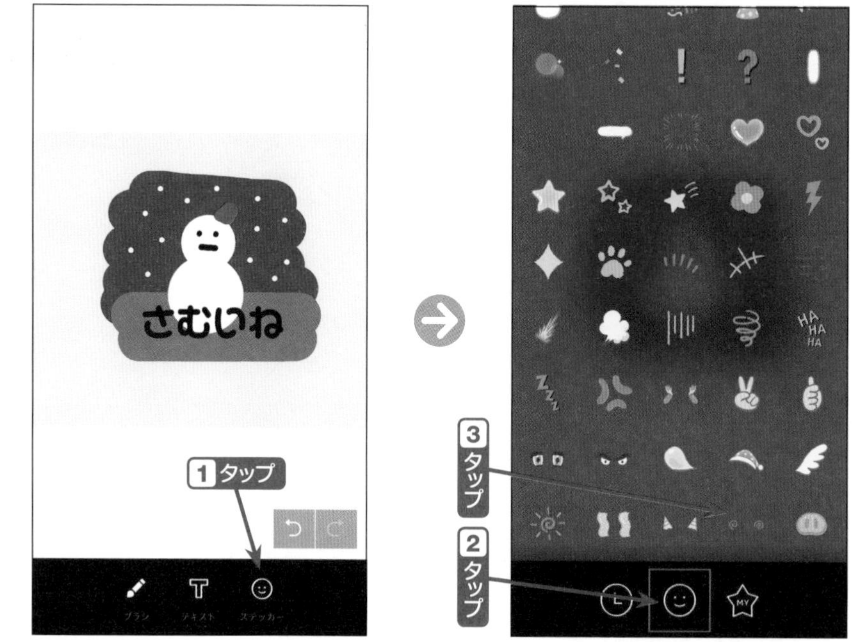

16 ステッカーのサイズと位置の調整

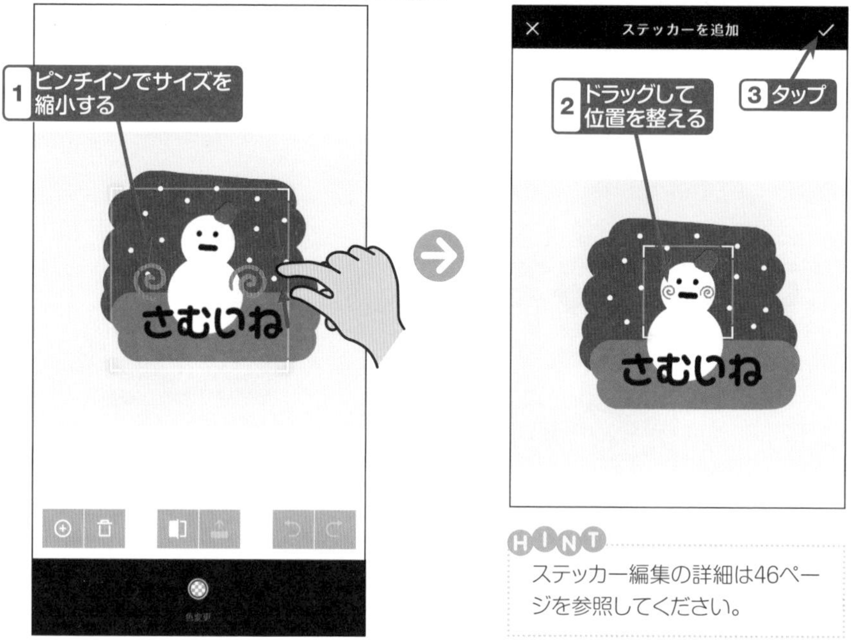

HINT

ステッカー編集の詳細は46ページを参照してください。

17 スタンプの保存

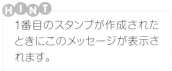

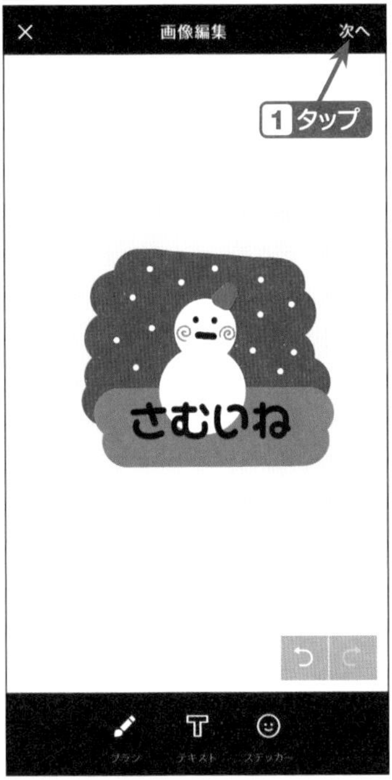

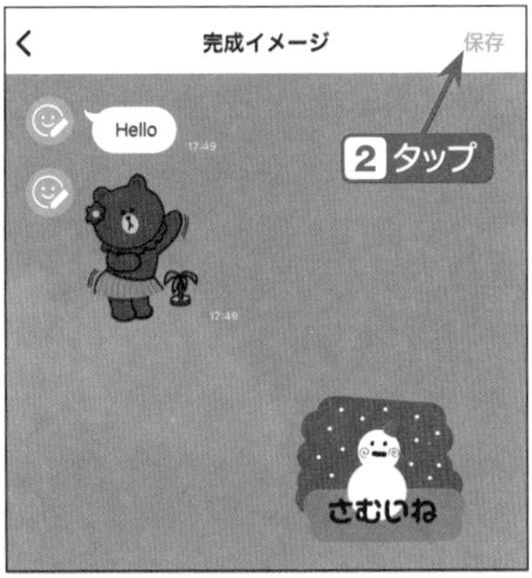

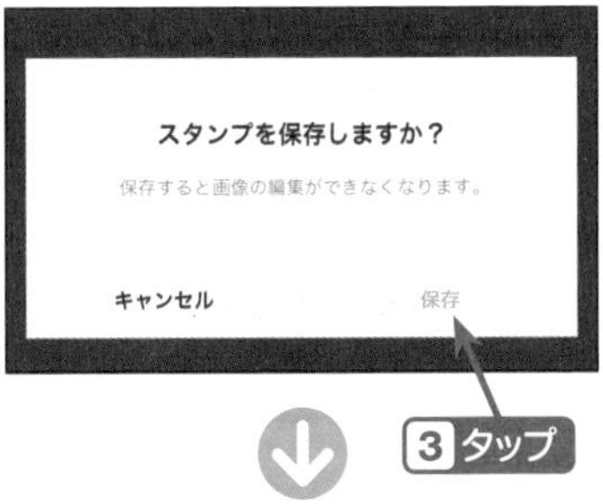

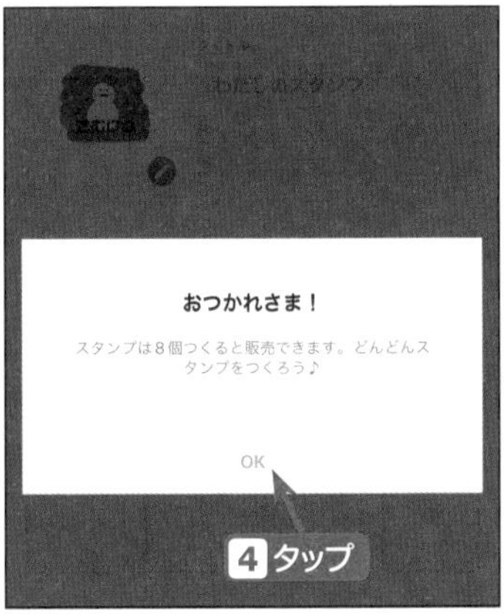

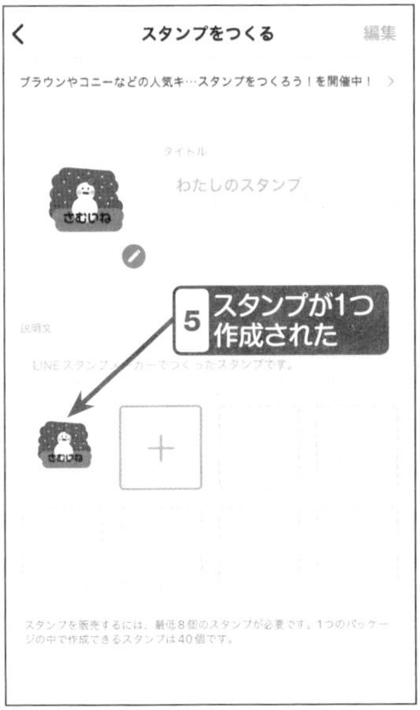

3

イラスト機能を使ってスタンプを作成してみよう

ONEPOINT

「ブラシ」ツールでの作画方法

LINEスタンプメーカーの「ブラシ」ツールは、ペン先のサイズと筆圧を変更して、様々な円と線を描画できます。ペン先の形は円なので、画面をタップすることで円を描け、ドラッグすることで連続する線になります。ペン先は「サイズ」の割合で次のような円になります。また、「筆圧」は割合を大きくするほどに輪郭がはっきりした形になります。

◉ブラシのサイズ(筆圧100%)

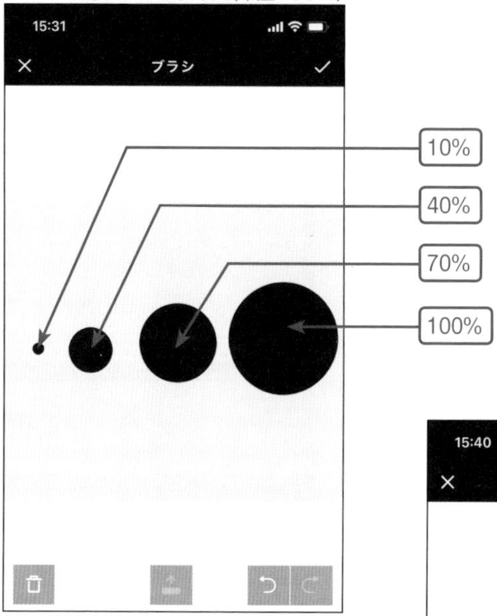

◉ブラシの筆圧

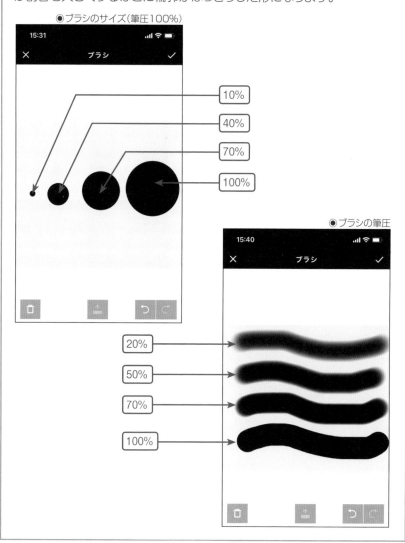

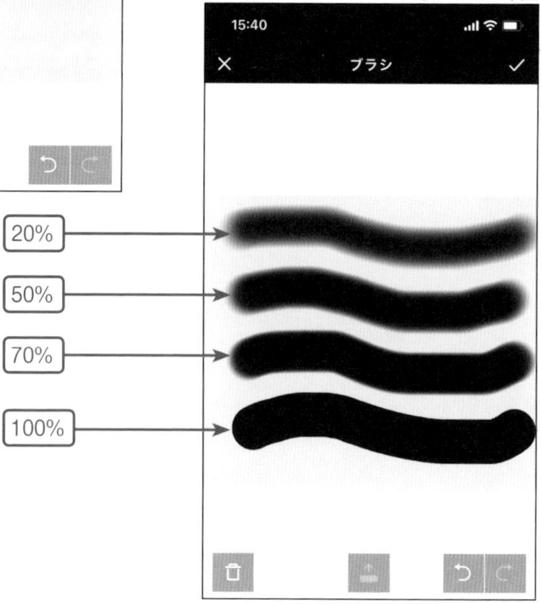

SECTION 17 ハート型のイラストスタンプを作成する

ハート型をフリーハンドで描くことは難しいですが、工夫するとくり抜くことができます。ここでは、作成したイラストをくり抜いて、ハート型のスタンプを作成する方法を説明します。

1 イラストの作成

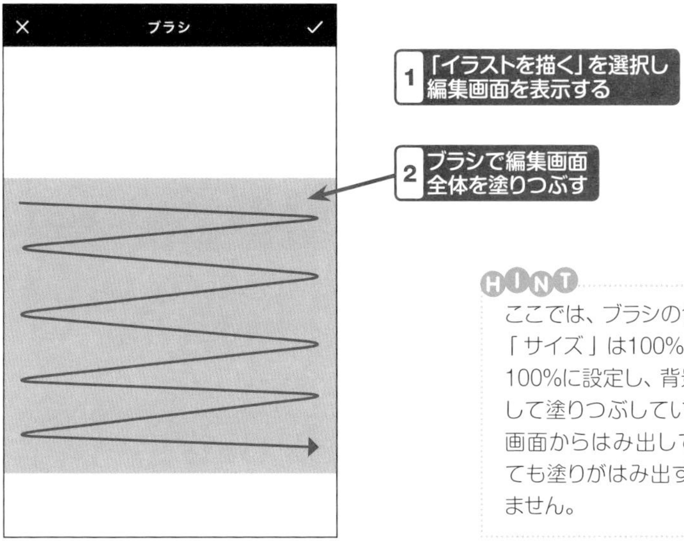

HINT

ここでは、ブラシの色は「水色」「サイズ」は100%「筆圧」は100%に設定し、背景をドラッグして塗りつぶしています。編集画面からはみ出してドラッグしても塗りがはみ出すことはありません。

HINT

ここでは、ブラシの「サイズ」は50%「筆圧」は100%に設定し、タップして円を重ねて雲を描いています。

2 スタンプの保存

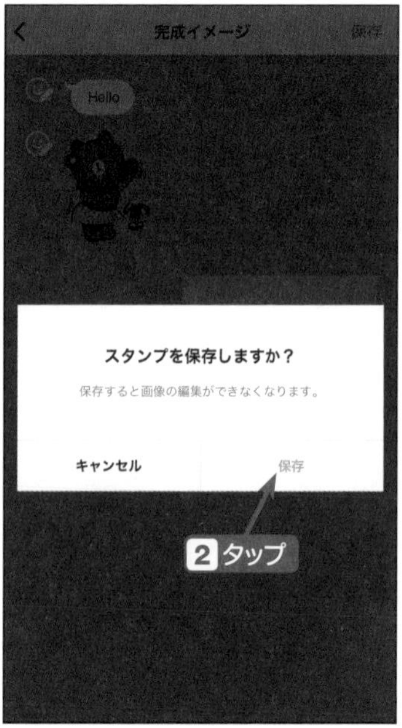

3 スタンプの選択

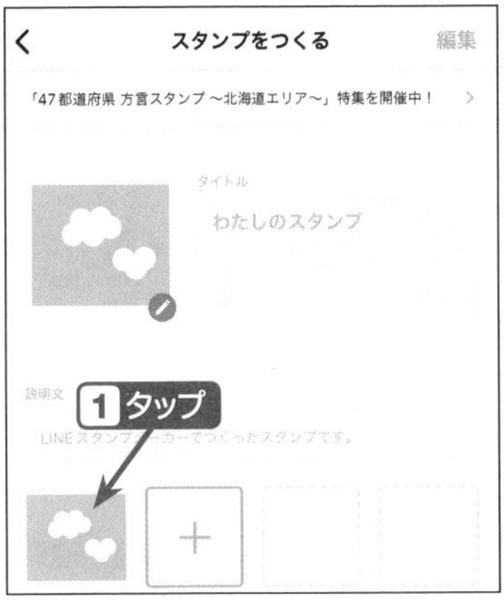

HINT
作成したスタンプを選択します。

4 編集画面の表示

5 くり抜きの実行

HINT
必要であればピンチアウトやドラッグで表示するサイズや位置を整えます。

6 表示サイズの確認

サイズ・角度調整
次へ
1 タップ

HINT

必要であればピンチインやドラッグで表示するサイズや位置を整えます。

7 ステッカーの挿入

1 タップ
ブラシ
テキスト
フィルター
色調
ステッカー

ステッカーを追加
2 ステッカーを配置する
3 タップ
Good Morning

HINT

ステッカーの配置や編集方法は91～92ページを参考にしてください。

画像編集
次へ
4 タップ
Good Morning
ブラシ
テキスト
フィルター
色調
ステッカー

8 スタンプの保存

完成イメージ
保存
Hello
Good Morning
1 タップ

完成イメージ
保存
スタンプを保存しますか？
保存すると画像の編集ができなくなります。
キャンセル
保存
2 タップ

スタンプを確認
編集
3 タップ
Good Morning
スタンプシミュレータ

スタンプをつくる
編集
「47都道府県 方言スタンプ ～北海道エリア～」特集を開催中！
タイトル
わたしのスタンプ
説明文
4 スタンプを編集できた
スタンプを販売するには、最低8個のスタンプが必要です。1つのパッケージの中で作成できるスタンプは40個です。
スタンプキャンペーンに参加する
未参加

ONEPOINT
スタンプ保存後に「編集」で再加工できる

LINEスタンプメーカーでは、イラストなどをスタンプとして保存した後に「編集」機能で再編集できます。この方法を利用すると、作成したイラストをくり抜くことやデコフレームで装飾することが可能になるため、手書きですべて完結するよりも、見た目の良いスタンプに加工できます。なお、操作例のように図形でくり抜く場合には、最初に背景全体を塗りつぶしておくと、塗り残しを防ぐことができます。

操作例の要領でデコフレームで装飾したイラスト

SECTION 18 図形を利用してスタンプを作成する

「イラストを描く」機能には図形を作成するツールはありませんが、テキストの記号を利用すると、図形を使ったようなスタンプを作成することができます。たとえば、円の中に文字を配置したスタンプを作成するには、次のように操作します。

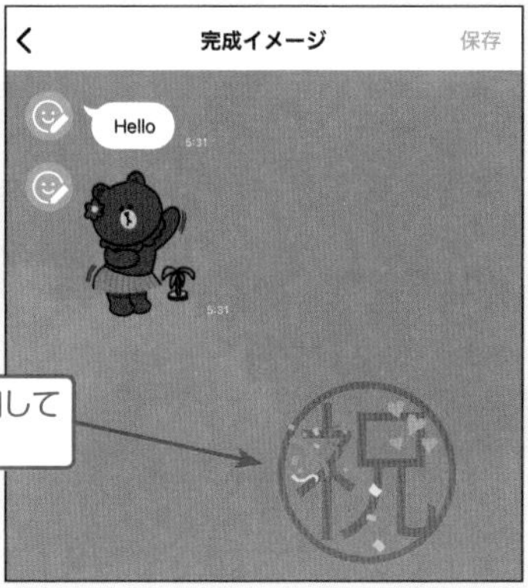

1 新規スタンプの作成

HINT

ここでは、新規パッケージにスタンプを作成することとします。

2 メニューの選択

3 ツールの選択

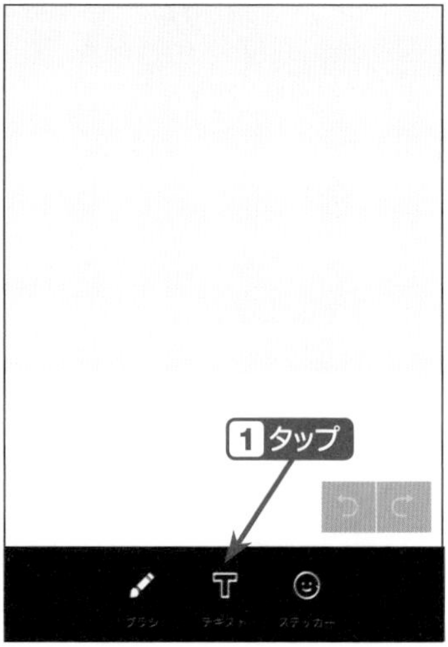

4 文字列の入力

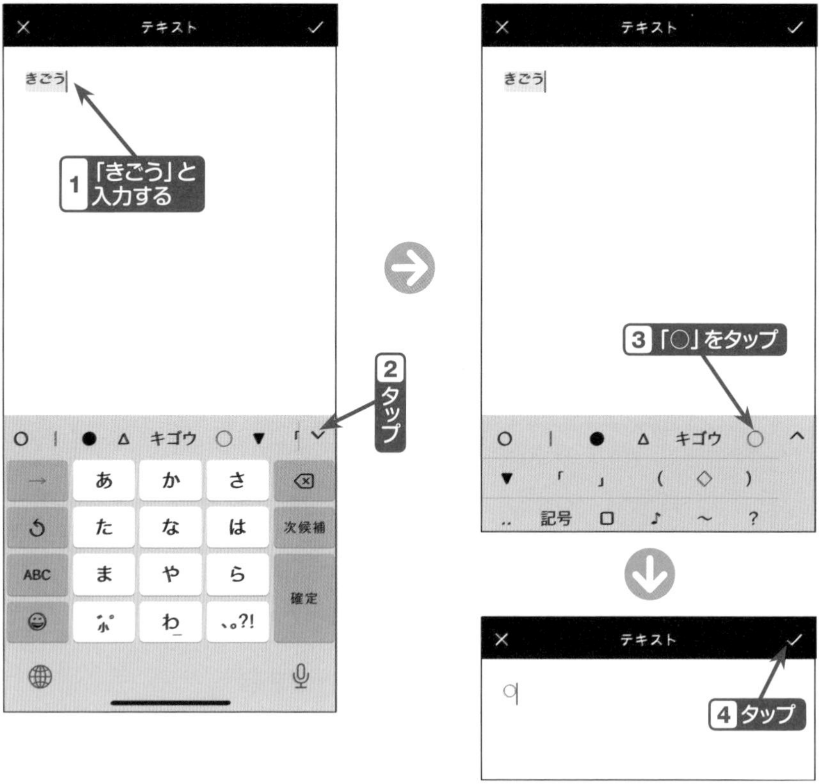

5 文字色の設定

テキスト
1 タップ
あ a
フォント
文字色
背景色

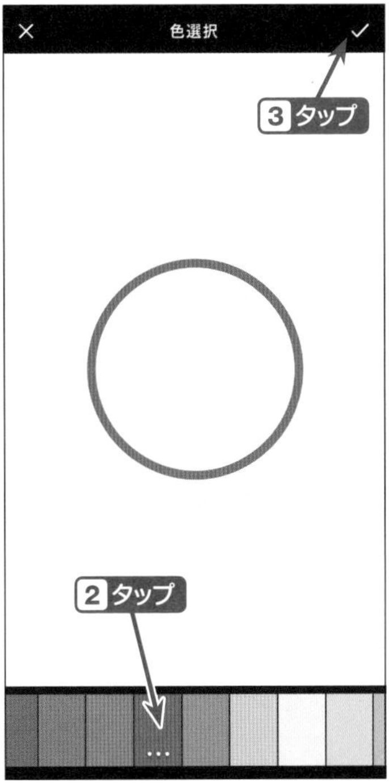
色選択
3 タップ
2 タップ

6 サイズの変更

テキスト
1 ピンチアウトして拡大する

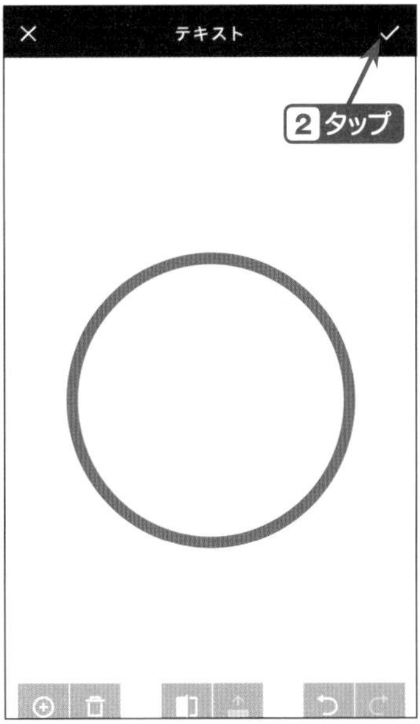
テキスト
2 タップ

7 文字列の入力

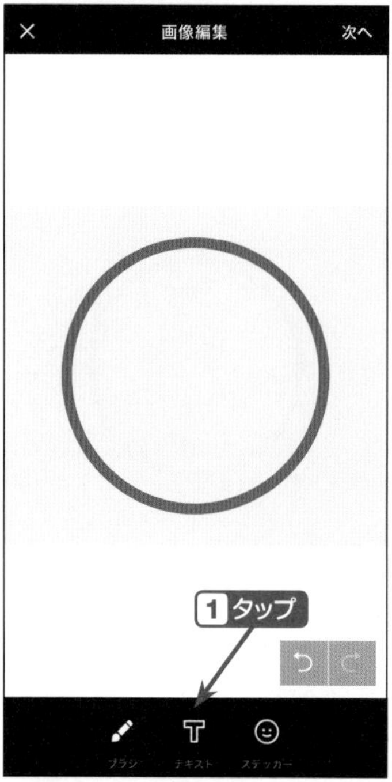

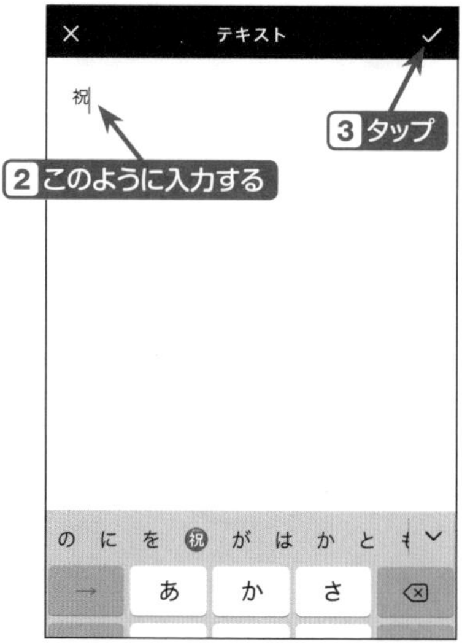

HINT

文字列の入力方法や配置については91ページを参考にしてください。

8 文字サイズの変更

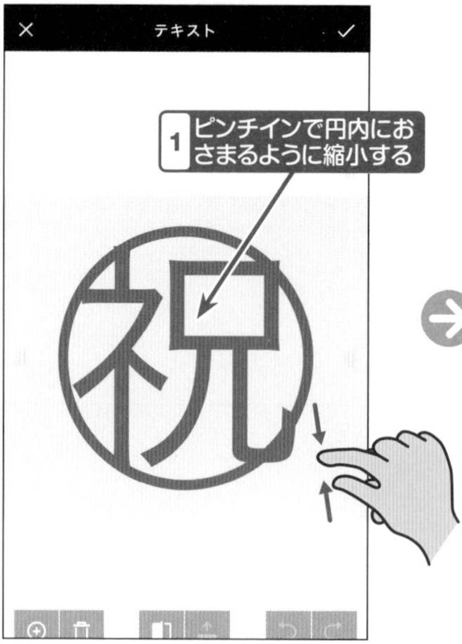

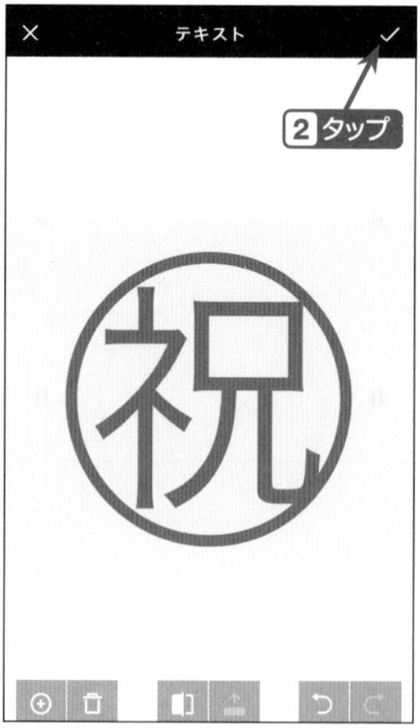

9 ステッカーの挿入

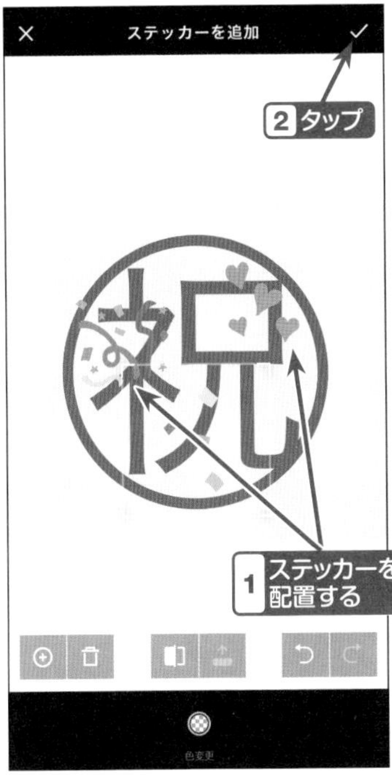

HINT
この後、スタンプを保存します。

ONEPOINT
テキストの記号文字を利用してスタンプが作成できる

LINEスタンプメーカーには、通常のペイントアプリのような図形を作画するツールはありませんが、テキストの記号文字を利用すると、図形を使ったようなスタンプを作成することができます（「絵文字」は利用することはできません）。なお、スマホの機種やフォントの種類によって、記号のサイズや太さなど見た目が変わるので注意が必要です。

◉記号を利用したスタンプの例

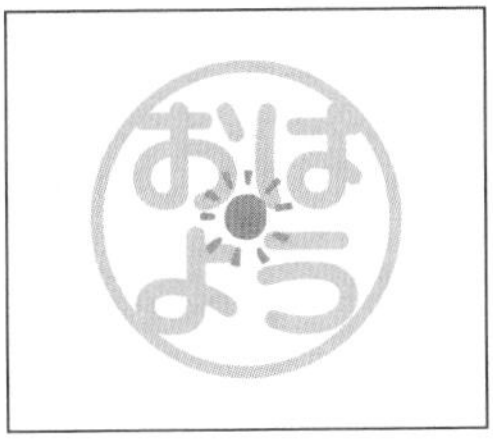

SECTION 19 吹き出し型ステッカーで スタンプを作成する

「イラストを描く」機能では、既存のステッカーや文字列を組み合わせてスタンプを作成することができます。ここでは、吹き出し型のステッカーに文字列を表示してスタンプを作成する方法を説明します。

3 イラスト機能を使ってスタンプを作成してみよう

ステッカーと文字列で
スタンプを作成する

1 新規スタンプの作成

LINE スタンプメーカー

LINEスタンプメーカー
スマホでかんたん!
オリジナルスタンプを作ろう♪

1 LINEスタンプメーカー
を起動する

2 タップ

TOP

スタンプをつくる　　編集

ブラウンやコニーなどの人気キ…スタンプをつくろう!を開催中!

タイトル
わたしのスタンプ

説明文
LINEスタンプメーカーでつくったスタンプです。

3 タップ

+

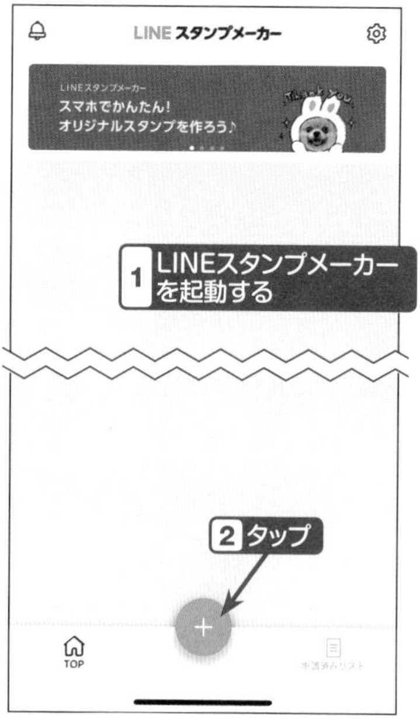

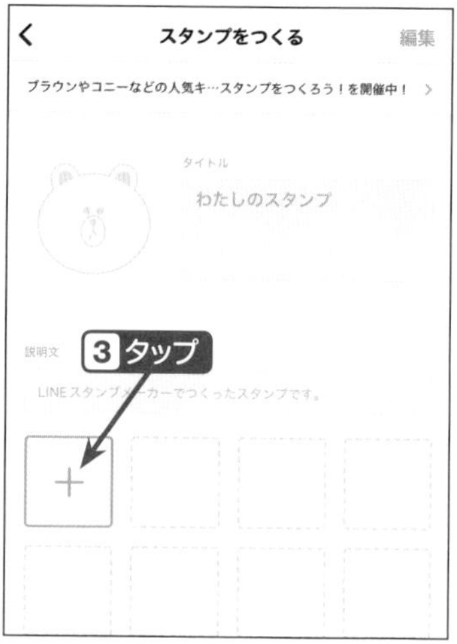

HINT
ここでは、新規パッケージにスタンプを作成することとします。

2 メニューの選択

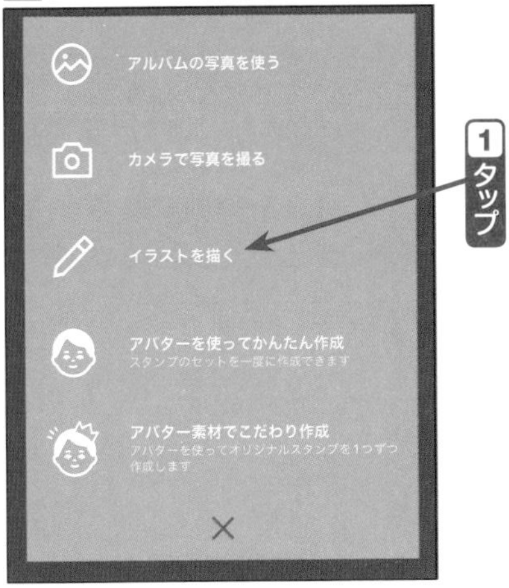

3 ツールの選択

4 ステッカーの選択

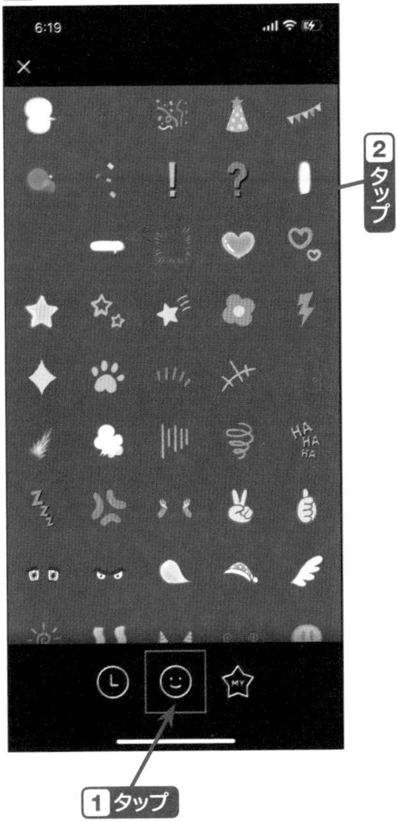

5 ステッカーを反転

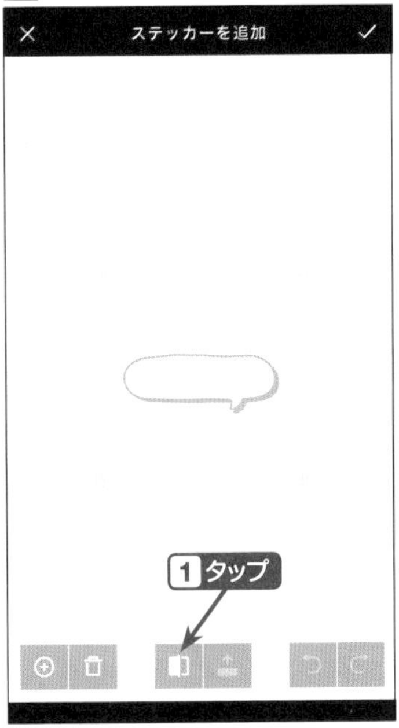

HINT

ステッカーを反転させるには ◧ (反転) をタップします。

HINT

なぜここで反転させるかについては110ページのONEPOINTを参照してください。

6 サイズの変更

7 テキストの追加

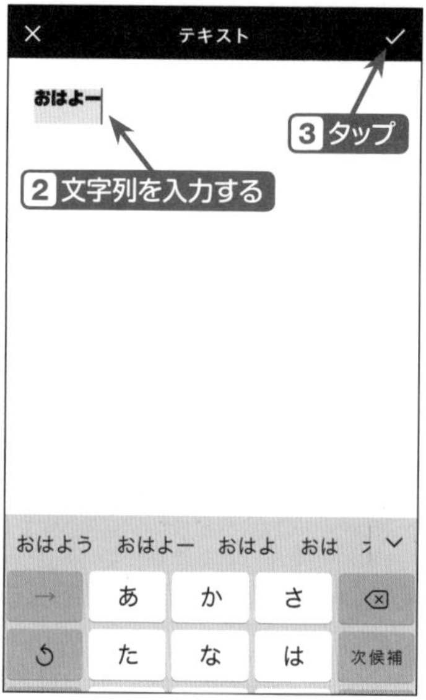

8 サイズの調整

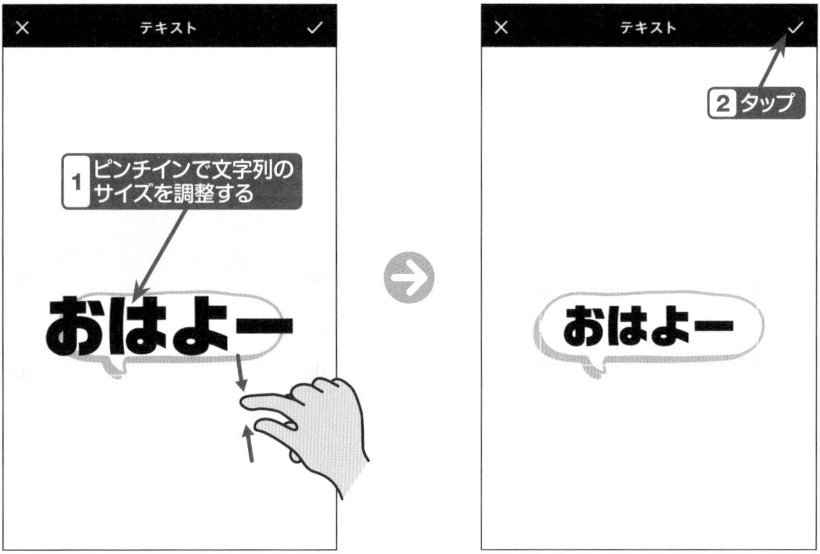

HINT

ここでは、文字フォントには「G2sanserif U」を選択しています。必要であればフォントの種類を変更します。

9 ステッカーの追加

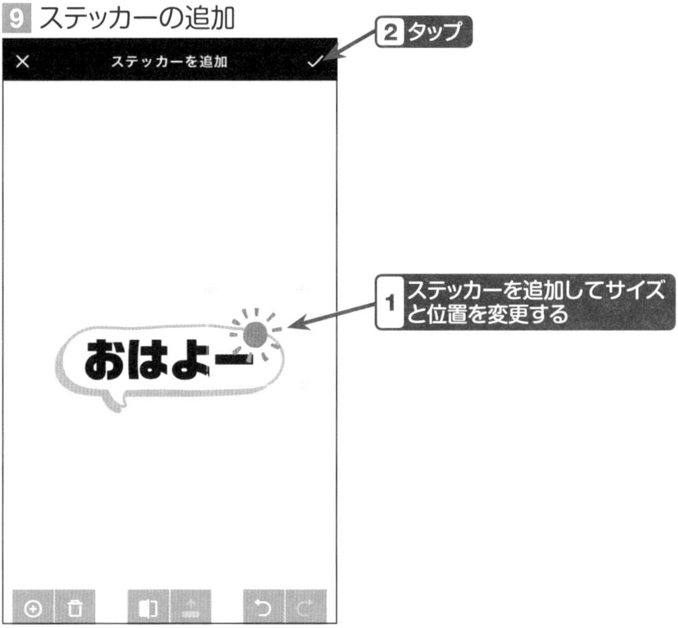

10 スタンプの確認

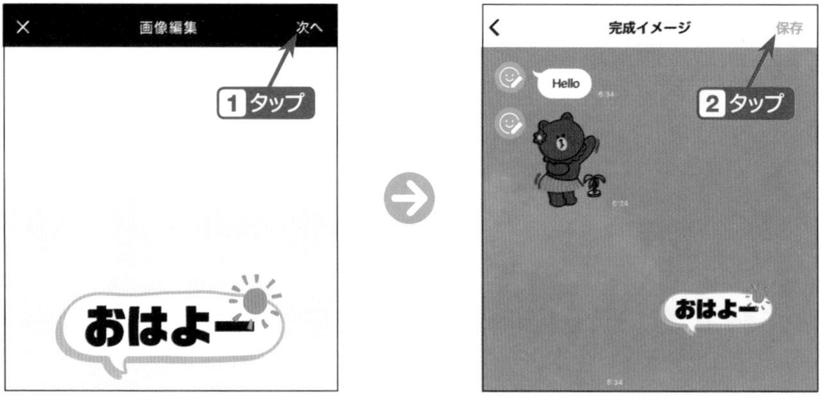
画像編集
次へ
1 タップ
おはよー
完成イメージ
保存
Hello
2 タップ
おはよー

HINT
確認して良ければ、この後スタンプを保存します。

ONEPOINT
吹き出しの向きに注意

「イラストを描く」機能では、用意されているステッカーや文字列を組み合わせて、独自のスタンプを作成することができます。✎（ブラシ）ツールで1から描くことが難しい場合には、この方法を利用すると良いでしょう。LINEスタンプメーカーのステッカーには複数の吹き出しが用意されているので、文字列と組み合わせることでさまざまな意味合いを持たせることができます。なお、吹き出しを利用する際には、吹き出し口が右側にあると、送信先には逆に表示されてしまうので、左向きに反転して作成することをお勧めします。

◉送信先　◉受信側

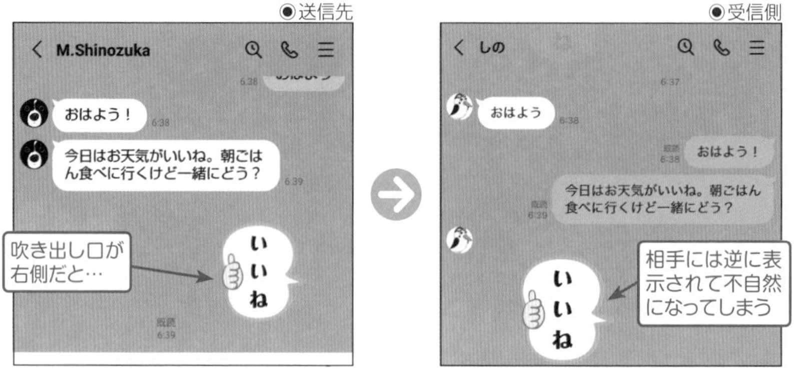
M.Shinozuka
おはよう！
今日はお天気がいいね。朝ごはん食べに行くけど一緒にどう？
吹き出し口が右側だと…
いいね
しの
おはよう
おはよう！
今日はお天気がいいね。朝ごはん食べに行くけど一緒にどう？
相手には逆に表示されて不自然になってしまう
いいね

SECTION 20 紙に描いたイラストを読み込んでスタンプを作成する(ibisPaint Xを併用)

ここでは、スマホのペイントアプリを利用して、ペンで描いた手書きのイラストの線を抽出し、色を付けて、スタンプを作成する方法を説明します。

※ここでは、「ibisPaint X」を事前にインストールし、アプリを利用して操作を行います。

手書きイラストの準備

1 手書きイラストの作成

2 イラストの撮影

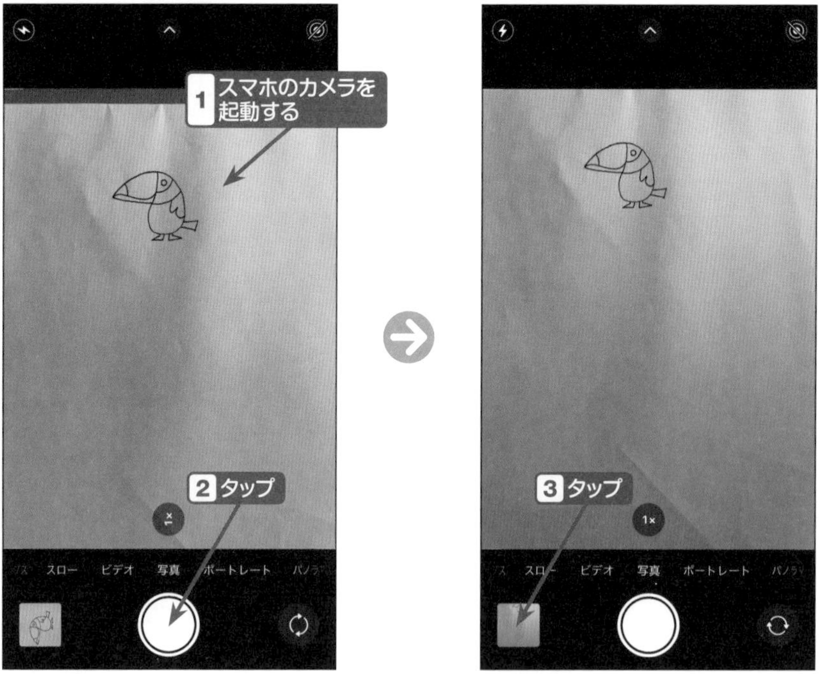

HINT

撮影する際には、イラストにスマホの影がかからないように注意します。

HINT

スマホの機種に合わせて操作を行ってください。

3 画像のトリミング

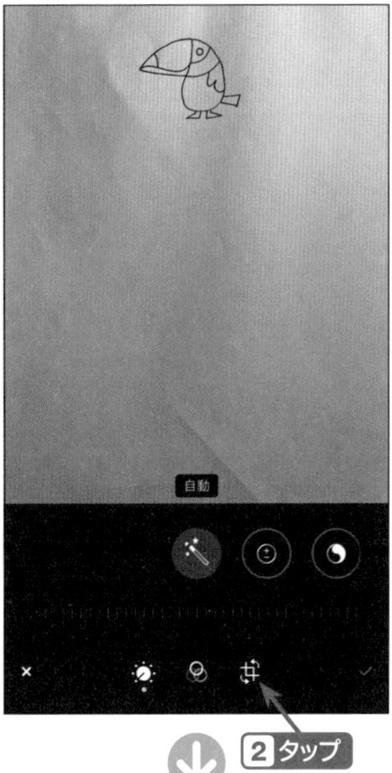

HINT

アプリの編集機能で画像の余分な範囲を切り取ります。写真の編集はスマホの機種によってツールが異なります。ここでは、iPhoneの「写真」アプリで操作しています。

ONEPOINT
手書きイラストの写真撮りについて

紙に描いたイラストを撮影する場合には、スマホの影がイラストにかからないように注意する必要があります。撮影したイラスト内に影があると、ペイントアプリでイラストの線を抽出する際に、影の黒い範囲も認識され残ってしまうことがあります。

●影が写り込んだ写真

ibisPaint Xでの操作

1 アプリの起動

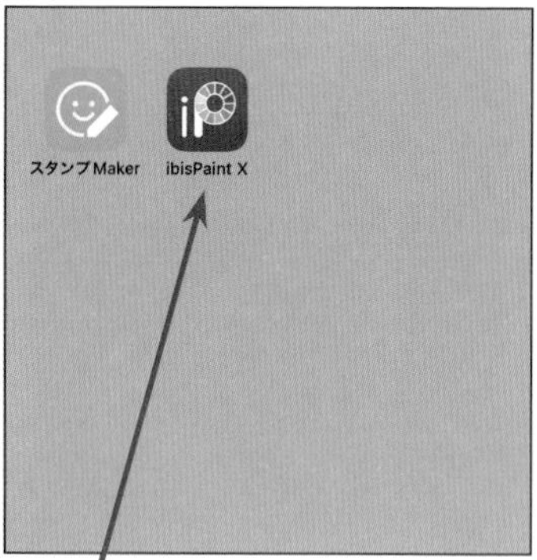

2 新規キャンバスの作成

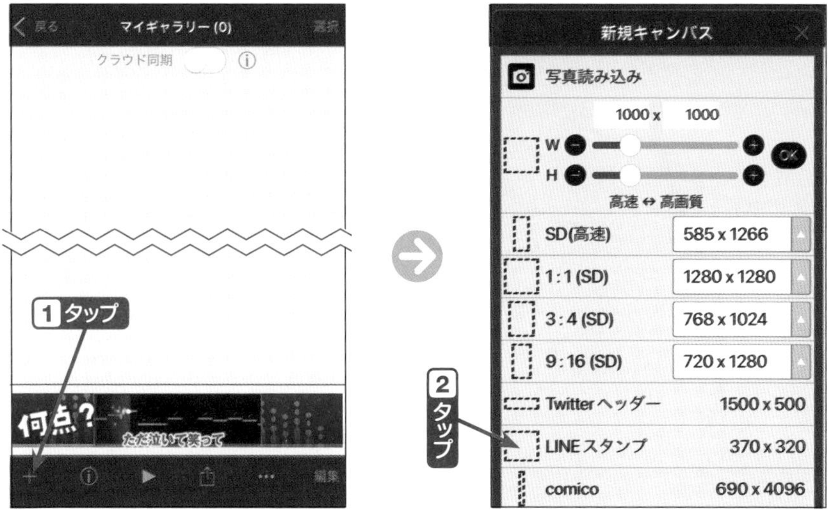

3 画像データの読み込み

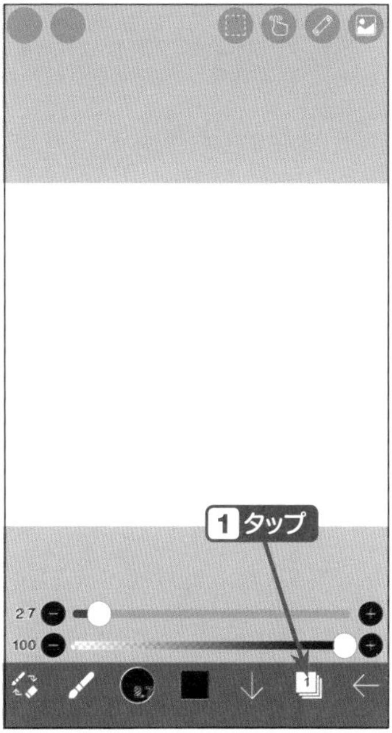

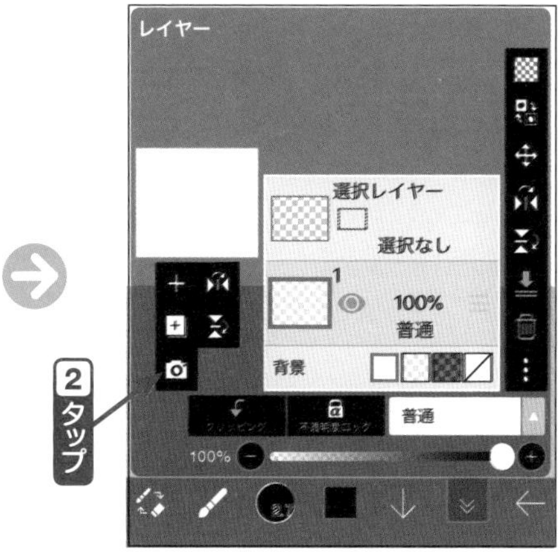

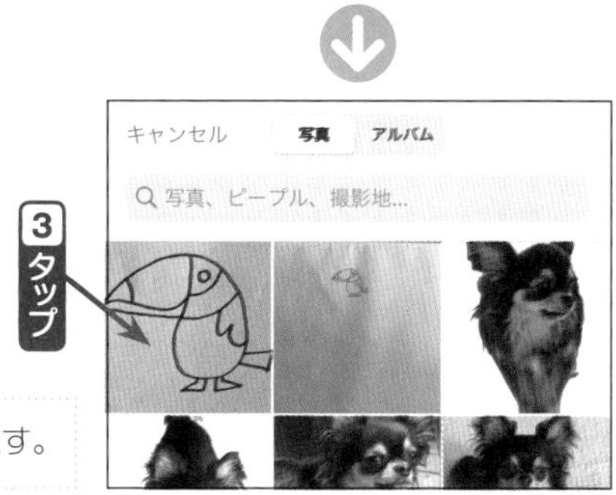

HINT
113ページでトリミングした写真を選択します。

4 画像データのサイズ調整

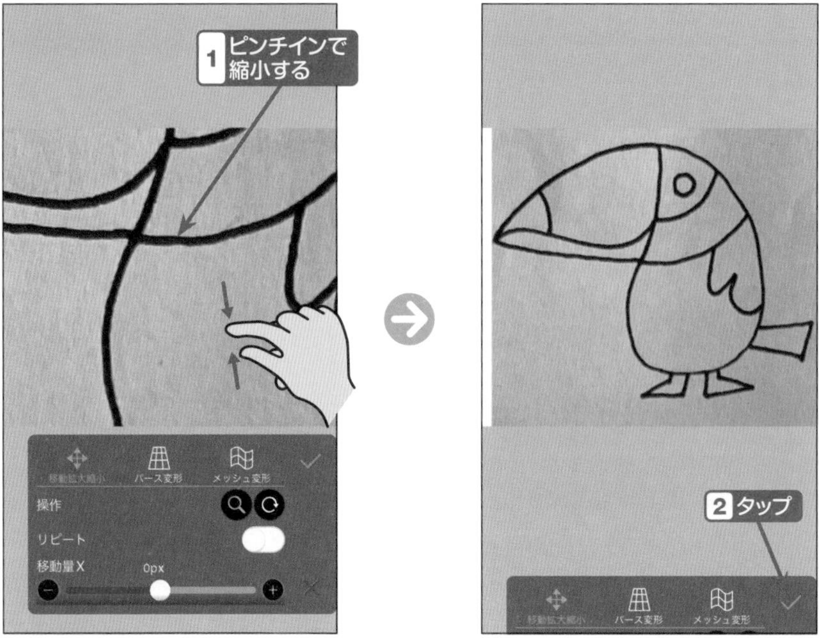

HINT
編集画面内（白い範囲）に収まるようにサイズを変更します。

5 線画抽出の実行

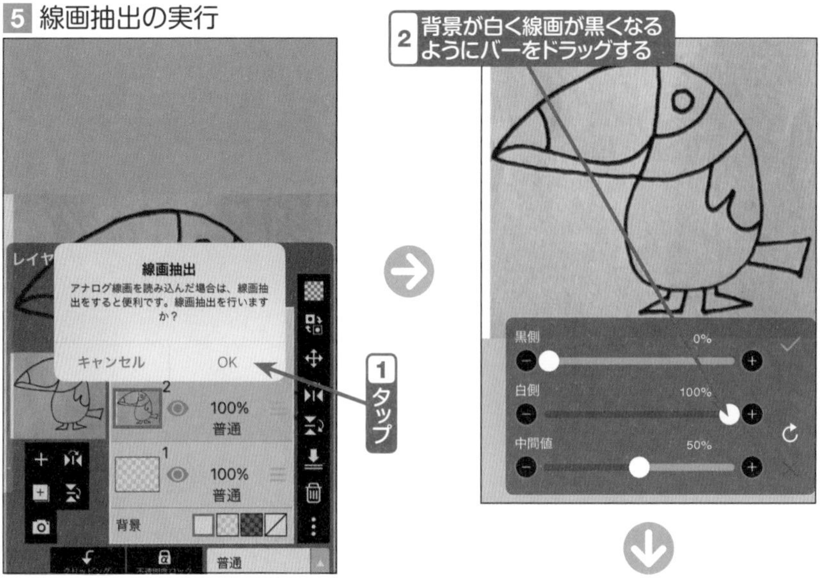

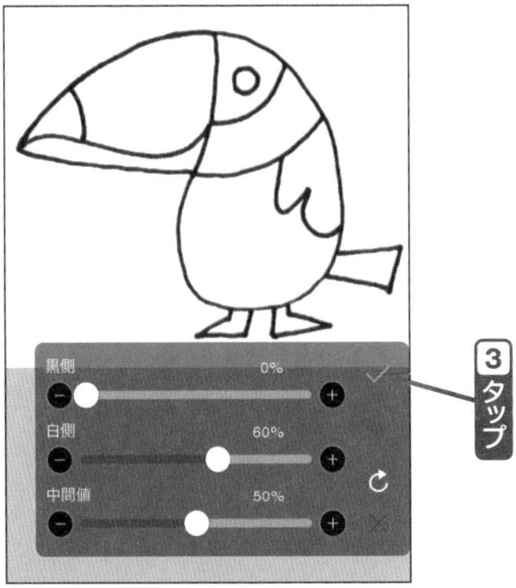

HINT
この操作で、線(黒い部分)のみが抽出された状態になります。

6 レイヤーの選択

HINT
レイヤーを透明に設定することで、描画した範囲のみをファイルに書き出すことができます。

HINT
ここでは、これから色を塗るために線の下に重なるレイヤーを選択しています。

7 ツールの選択

2 タップ

1 タップ

HINT
線画に隙間がある場合には、
「すき間認識」をONにします。

8 色の選択

4 色の確認

3 タップ

2 タップ

5 タップ

1 タップ

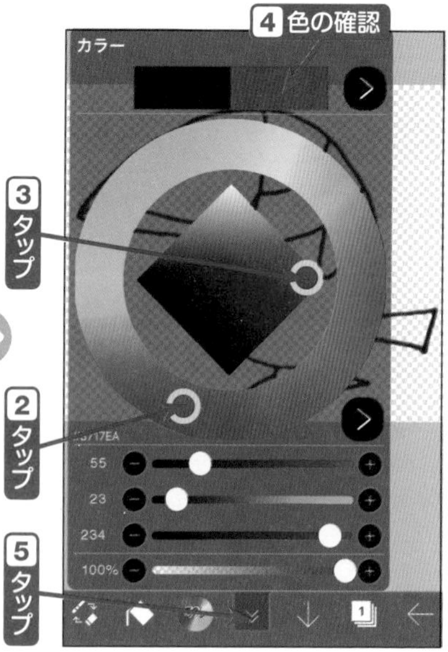

HINT
円形の範囲で色を選択し、内部の四角形の範囲で濃淡を選択します。なお、操作④
で確認している色が設定した色になります。

9 塗りつぶしの実行

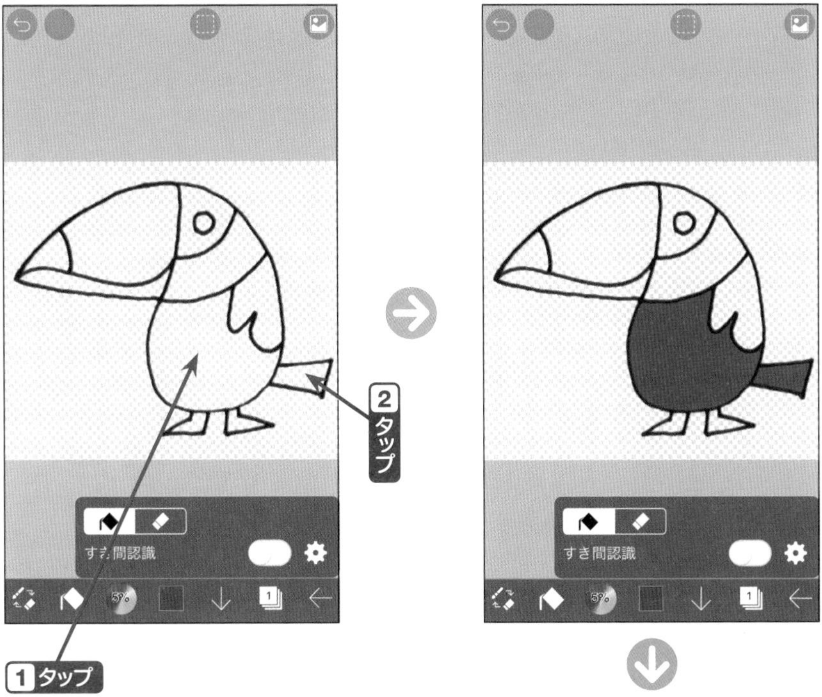

HINT

この後、イラストをピンチアウトで拡大し、塗り残しがないか確認します。

10 ブラシでの描画

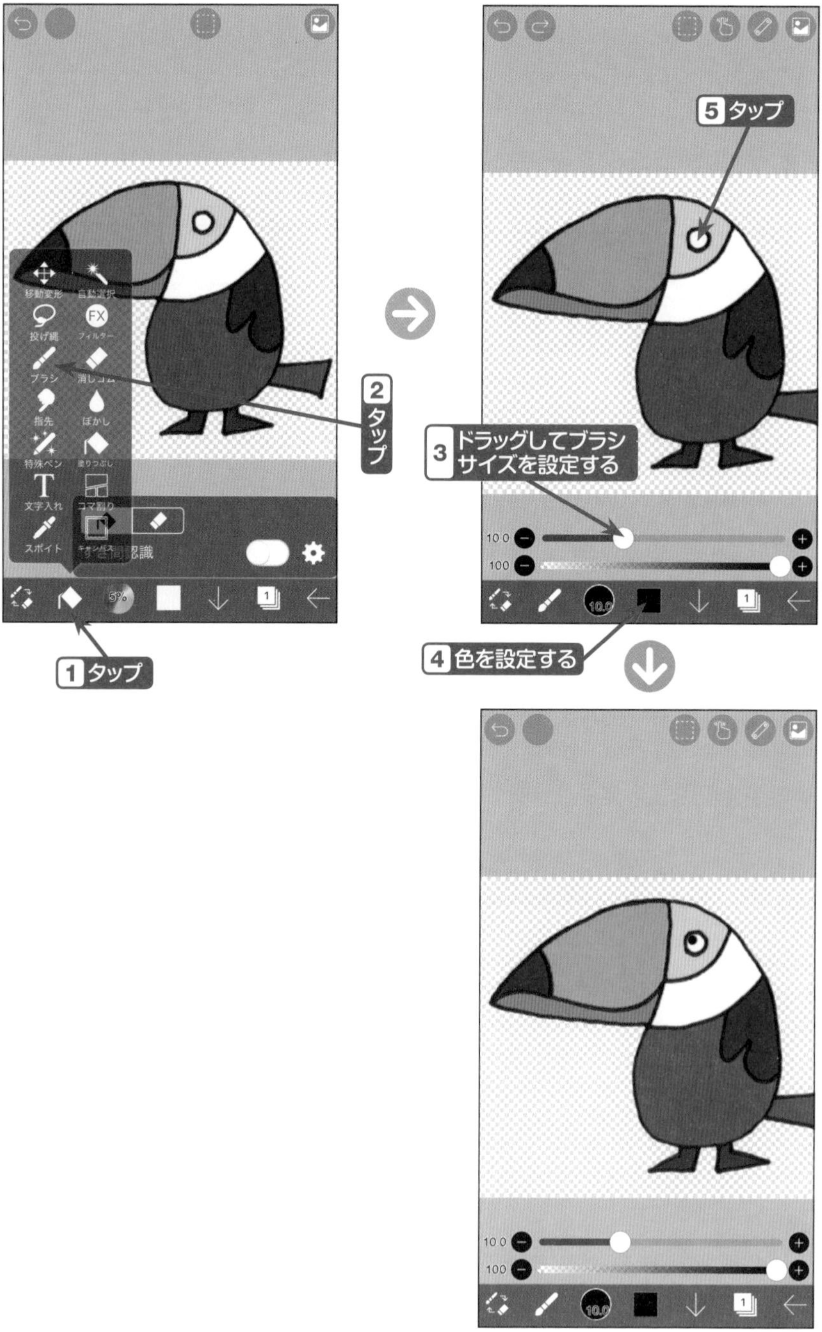

11 マイギャラリーの表示

設定
透過PNG保存
PNG保存
マイギャラリーに戻る

2 タップ　1 タップ

12 ファイルの保存

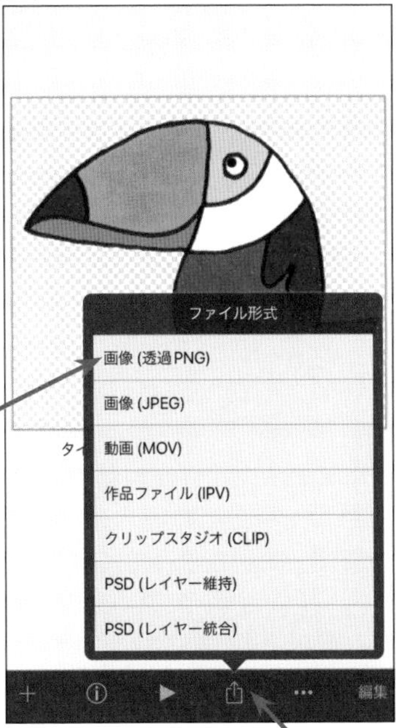
ファイル形式
画像 (透過PNG)
画像 (JPEG)
動画 (MOV)
作品ファイル (IPV)
クリップスタジオ (CLIP)
PSD (レイヤー維持)
PSD (レイヤー統合)
編集

2 タップ

1 タップ

3 スクロールして保存先を表示する

AirDrop
メッセージ
メール
LINE
コピー
画像を保存
連絡先に割り当てる
プリント
Skitch
共有アルバムに追加
文字盤作成
"ファイル"に保存
Copy to GoodReader
Keepに保存

4 タップ

HINT

透過PNGとは、背景が透明な画像データのファイル形式です。

HINT

この操作で、スマホのアルバムにイラストが保存されます。

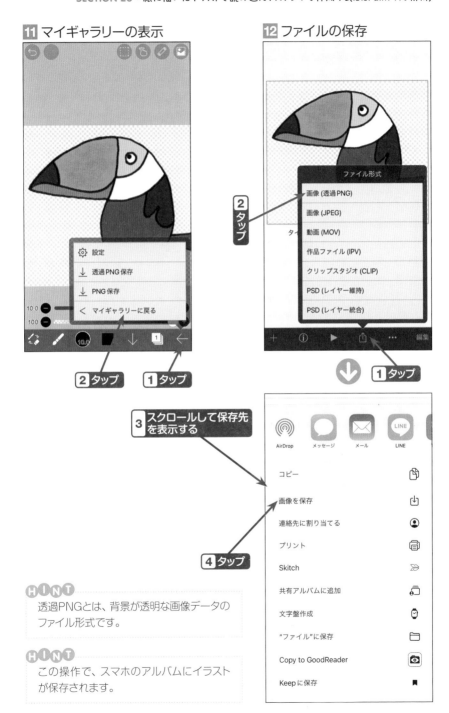

ONEPOINT

レイヤーの仕組み

レイヤーとは、ペイントアプリで利用される透明なフィルムのような機能で、工程やパーツなどを別々のレイヤーに分け、重ね合わせて1枚の絵を完成させます。ibisPaint Xでは、線画抽出を実行するとその下に新たにレイヤーが作成されるので、そのレイヤーに塗りつぶしを実行することで、線を塗りつぶすことなく色を付けることができています。

ONEPOINT

塗りのツールの使い分け

操作例では、(塗りつぶし)ツールで線で区切られている範囲に色を付けていますが、もとの線に隙間があると、つながる範囲にも色が付けられてしまうことがあります。そのような場合には、操作例7のタイミングで「すき間認識」をONにして実行します。ただし、すき間の広さによっては効果が得られないことがあります。また、(塗りつぶし)ツールでは、細かい範囲などは塗り残されてしまうこともあるため、イラストの内容によって(ブラシ)ツールを利用するなど、ツールを使い分けることをお勧めします。

タップする
すき間認識
すき間があるとすべてが
塗りつぶされてしまう
すき間認識

ONEPOINT
ibisPaint Xで手書きふちどり文字を作る方法

ibisPaint Xを利用すると、LINEのスタンプによく使われている、ふちどり文字を作成することができます。手書きのふちどり文字を作成するには、次のように操作します。

❶ 操作例1～2の要領で新規キャンバスを作成します。
❷ 下のメニューから(レイヤー)をタップして、背景に[透明]を選択します(操作例6参照)。
❸ 下のメニューの[ツール]で(ブラシ)を選択します(必要に応じてペン先や太さ色を設定します)。
❹ 編集画面に手書きで文字を描きます。
❺ [ツール]をタップして(フィルター)を選択します。
❻ 下のメニューから「ふちどり(外側)」を選択します。
❼ 色と幅などを選び、目的のふちどりになったら、[チェック]をタップします。
❽ [×]をタップしてフィルターメニューを閉じます。
❾ 操作例11～12の要領で、マイギャラリーに戻り、画像(透過PNG)で画像を保存します。

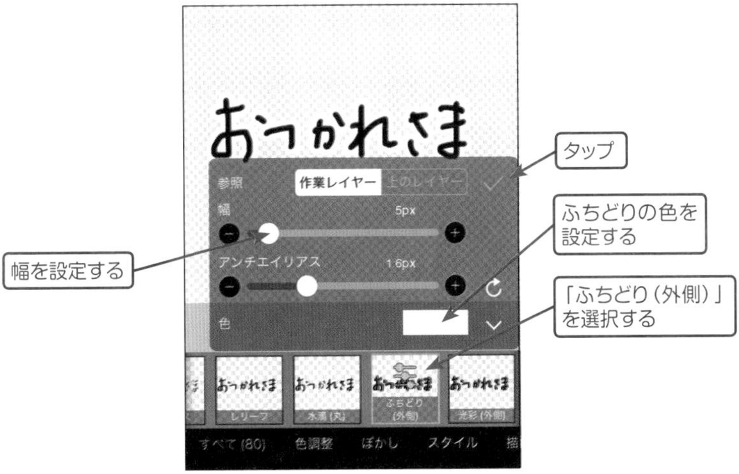

作成したふちどり文字は、129～138ページの要領で同じパッケージにスタンプとして保存しておくことで、「Myステッカー」から利用することができるようになります。

LINEスタンプメーカーでの操作

1 新規スタンプの作成

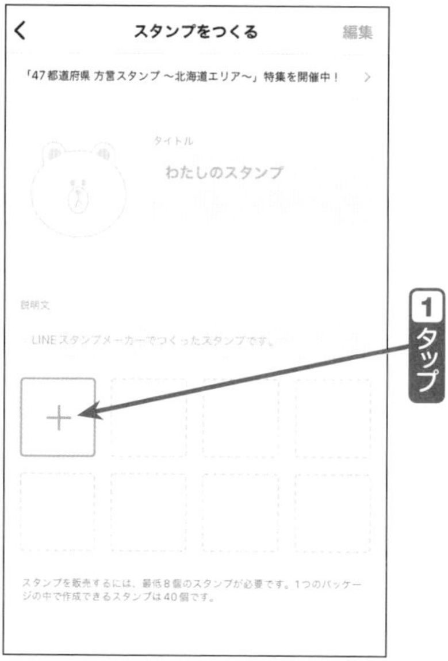

2 アルバムの表示

3 イラストの選択

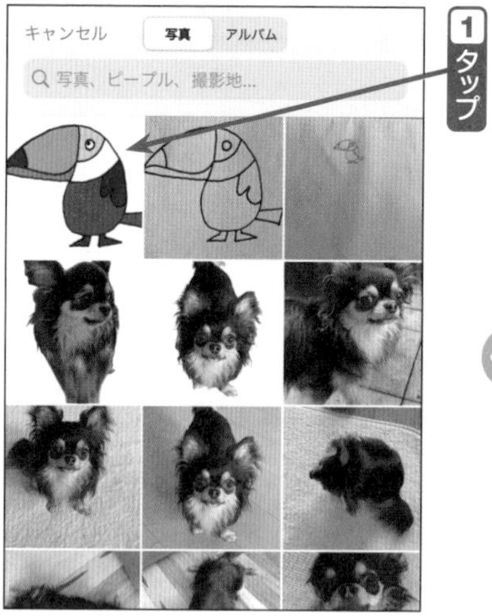

HINT

この後、文字列やステッカーを追加してスタンプとして保存します。

HINT

確認して良ければ、この後スタンプを保存します。

3 イラスト機能を使ってスタンプを作成してみよう

ONEPOINT

LINEスタンプメーカーでの操作

ペイントアプリで作成したイラストは、「共有」メニューから「透過PNG」形式として「画像を保存」を実行すると、写真が保存されるアプリまたは領域（iPhoneでは「写真」アプリ）に保存されます。LINEスタンプメーカーでは、新規作成のメニューから「アルバムの写真を使う」を選択してイラストを読み込みます。読み込んだイラストは、背景が透明化されているので、切り抜きの必要はなく文字列やステッカーを追加してスタンプに仕上げることができます。

SECTION 21 基本のイラストを複製して複数のスタンプを作成する

LINEスタンプメーカーでは、作成したスタンプを複製することができます。ここでは、基本的なイラストを作成し、それをもとに複数のスタンプを作成する方法を説明します。

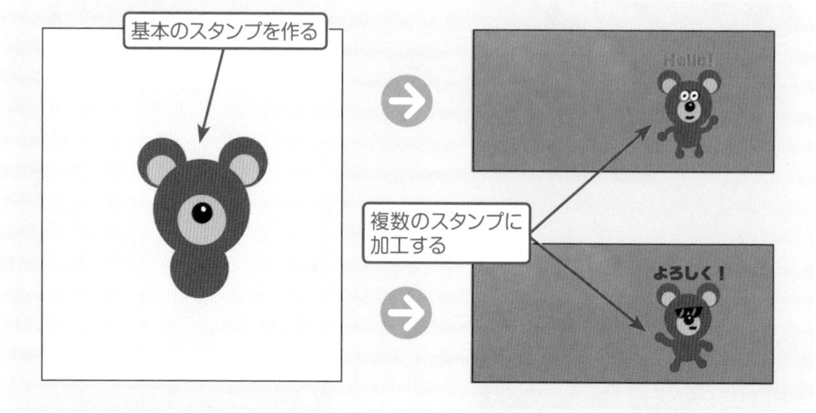

1 イラストの作成

×
画像編集
次へ
2 タップ
1 元にするイラストを作成する

HINT

このイラストの作成方法は、128ページのONEPOINTを参照してください。

2 スタンプの保存

完成イメージ
保存
Hello
1 タップ
2 タップ
スタンプを保存しますか？
保存すると画像の編集ができなくなります。
キャンセル
保存

3 作成したスタンプの選択

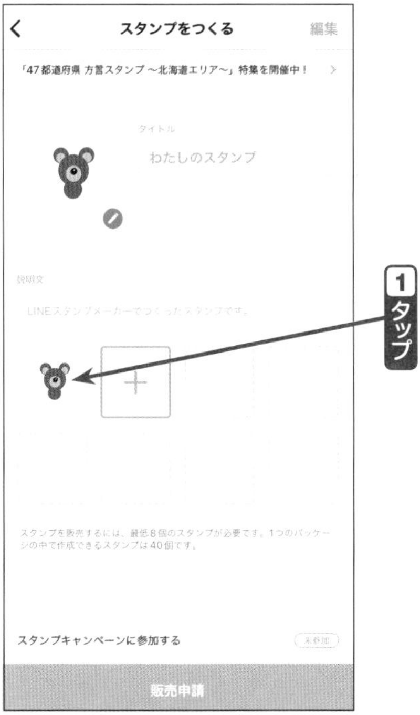

4 複製の実行

ONEPOINT 複製から効率的にスタンプ作成

スタンプは、1つのキャラクターを1セットで作成することが多いので、複数のスタンプをいちいち1から作成するのは面倒です。そのような場合には、基本のイラストを作成して複製して使うと便利です。LINEスタンプメーカーでは、保存したスタンプを操作例のように複製できるので、デザインのもととなるイラストをスタンプとして保存し、利用すると良いでしょう。

HINT

この要領で利用する数の複製を実行します。複製を編集する場合には、複製したスタンプをタップし、右上の［編集］をタップします。

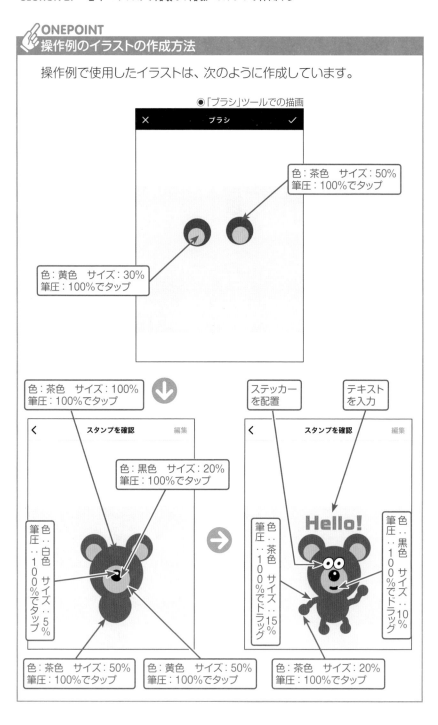

ONEPOINT
操作例のイラストの作成方法

操作例で使用したイラストは、次のように作成しています。

◉「ブラシ」ツールでの描画

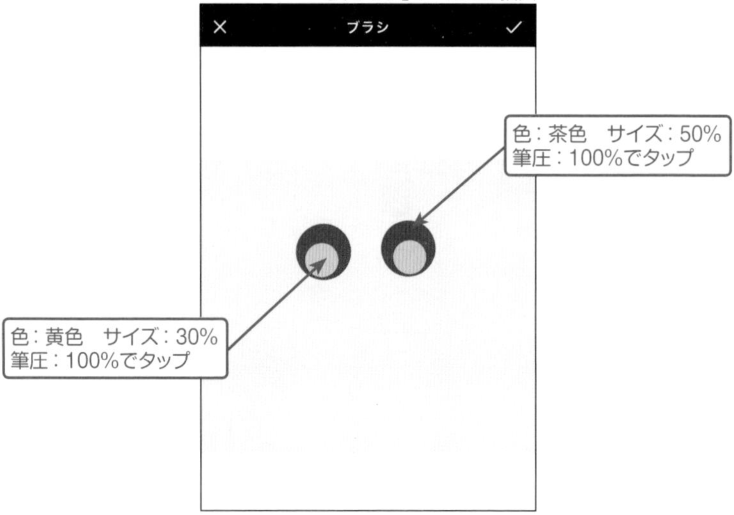
ブラシ
色：茶色　サイズ：50%
筆圧：100%でタップ
色：黄色　サイズ：30%
筆圧：100%でタップ

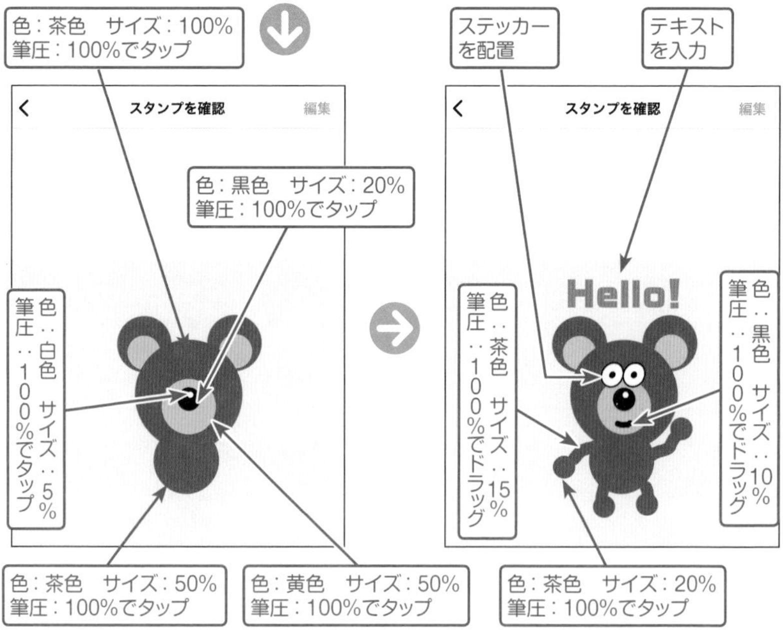
色：茶色　サイズ：100%
筆圧：100%でタップ
スタンプを確認
編集
色：黒色　サイズ：20%
筆圧：100%でタップ
色：白色　サイズ：5%
筆圧：100%でタップ
色：茶色　サイズ：50%
筆圧：100%でタップ
色：黄色　サイズ：50%
筆圧：100%でタップ
ステッカーを配置
テキストを入力
スタンプを確認
編集
Hello!
色：茶色　サイズ：15%
筆圧：100%でドラッグ
色：黒色　サイズ：10%
筆圧：100%でドラッグ
色：茶色　サイズ：20%
筆圧：100%でタップ

SECTION 22 Myステッカーを作成し利用してみよう

LINEスタンプメーカーでは、既存のステッカーを加工したり自作したイラストをステッカーとして利用することができます。ここでは、既存のステッカーを加工してMyステッカーに表示する方法を説明します。

1 新規スタンプの作成

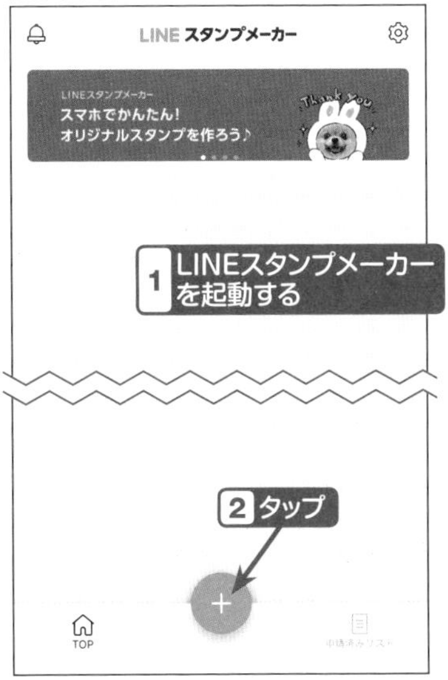

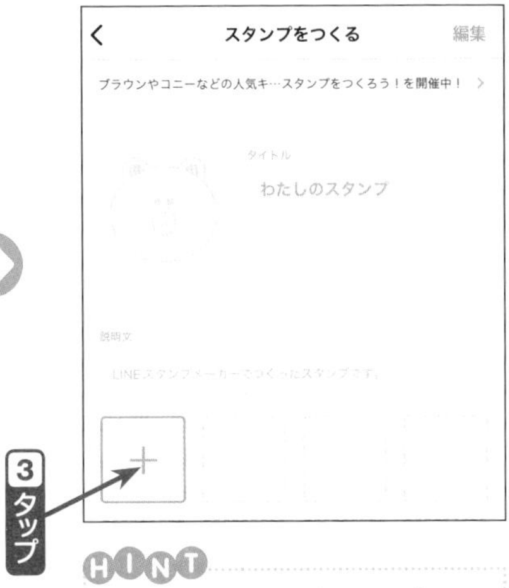

HINT

ここでは、新規パッケージにスタンプを作成することとします。

2 メニューの選択

3 ツールの選択

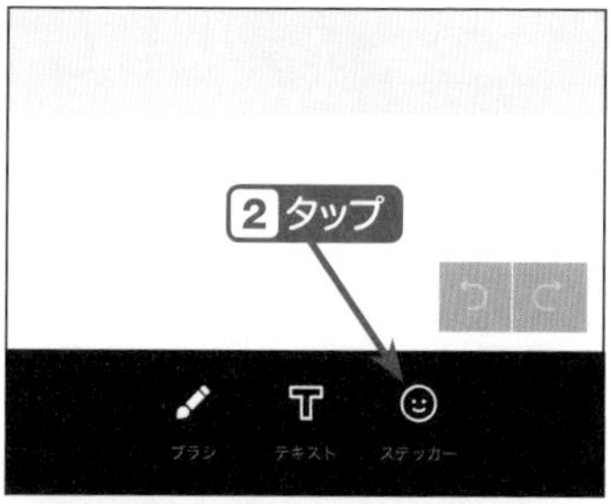

4 ステッカーの選択

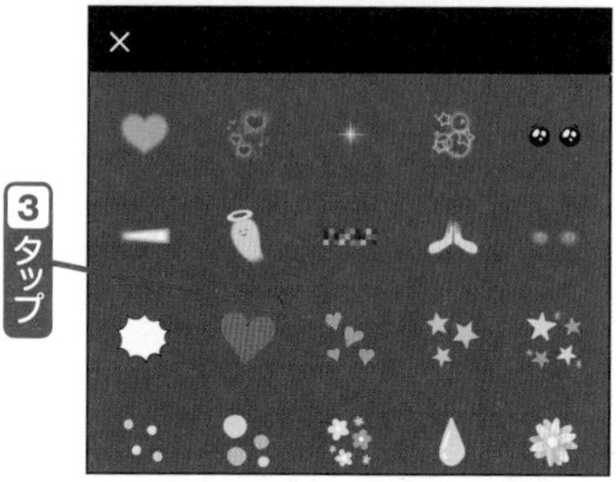

5 色の変更

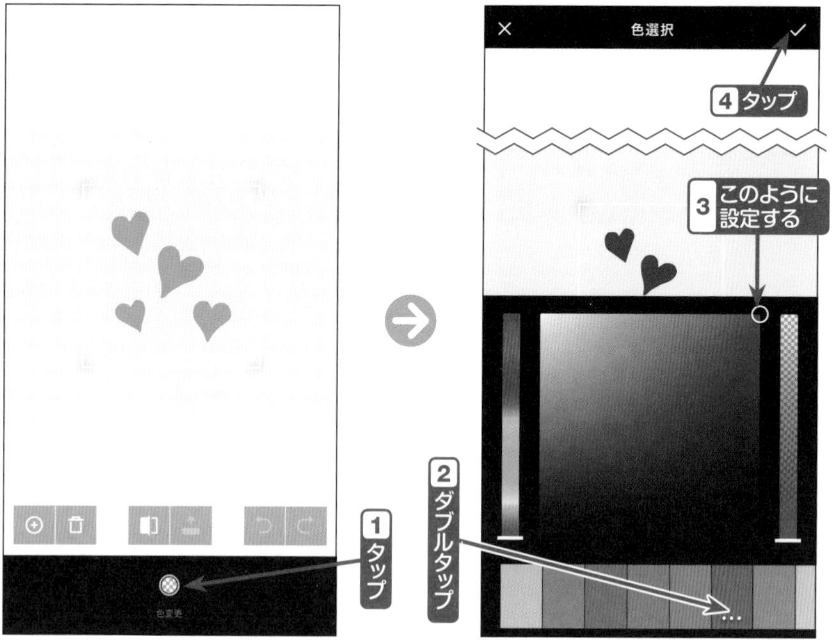

6 画像編集画面の表示

7 スタンプの保存

3
・・・・・・・・

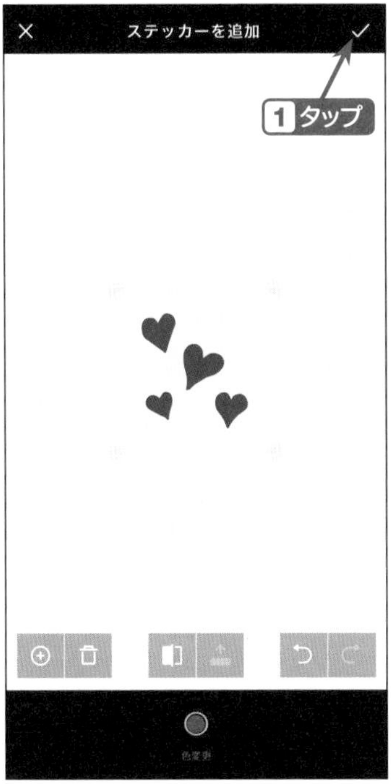

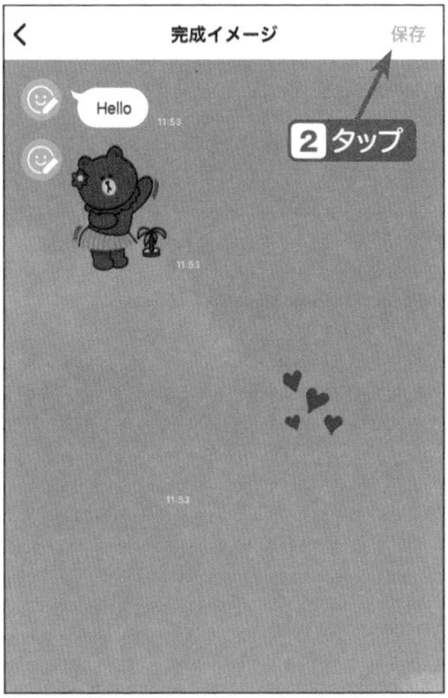

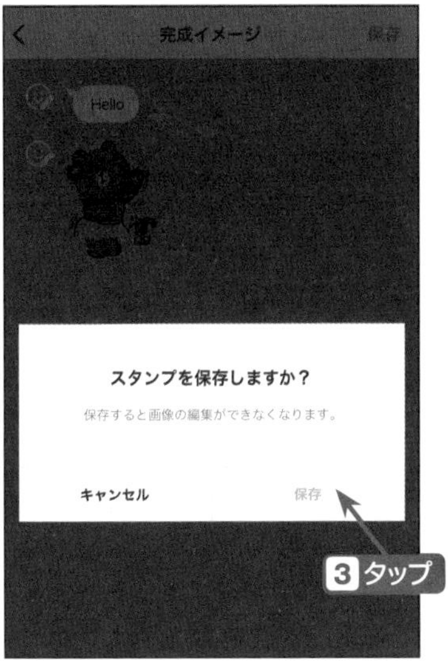

8 スタンプの編集

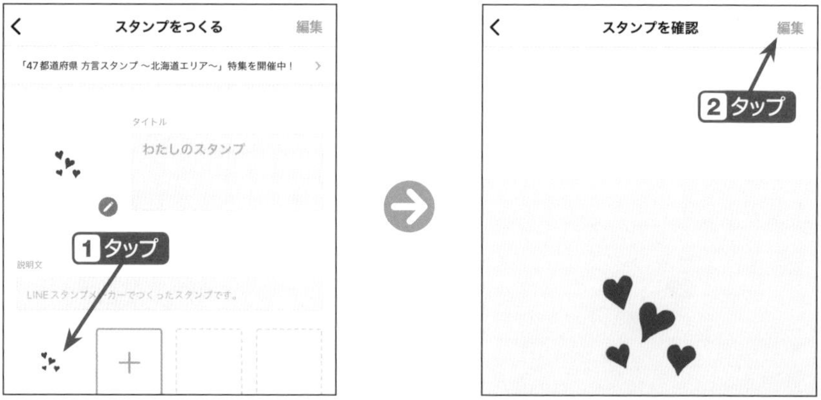

9 ツールの選択

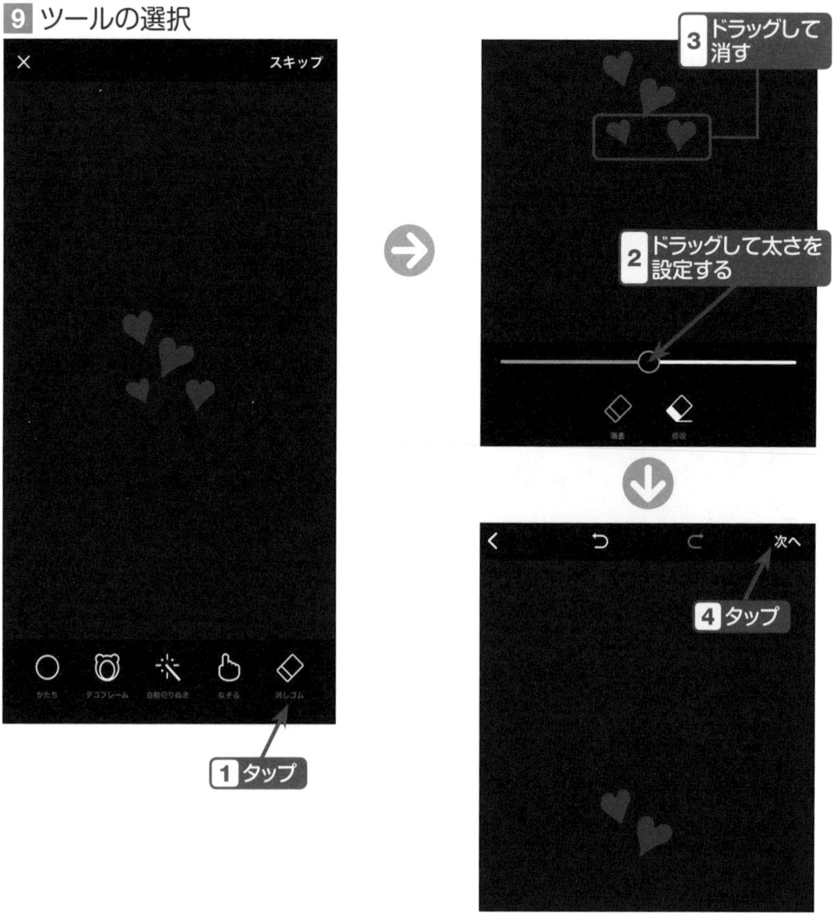

10 サイズ・角度の調整

HINT
必要であれば、サイズと角度を調整します。

11 スタンプの保存

12 スタンプの作成

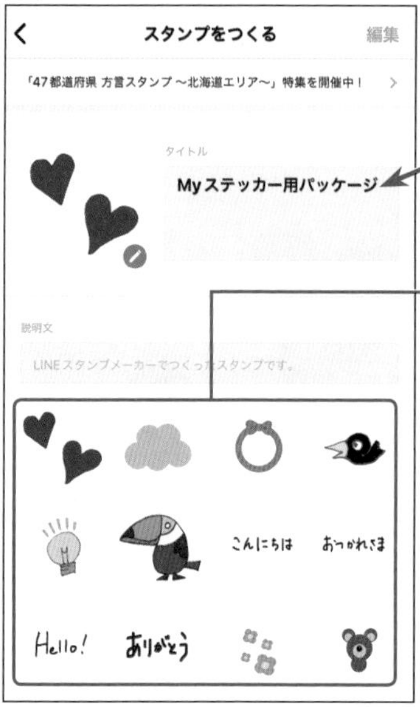

HINT

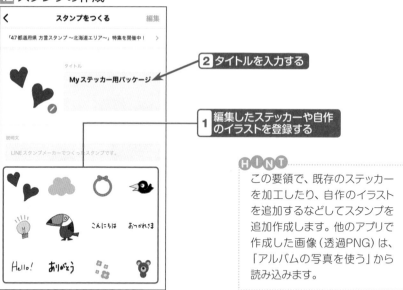

この要領で、既存のステッカーを加工したり、自作のイラストを追加するなどしてスタンプを追加作成します。他のアプリで作成した画像（透過PNG）は、「アルバムの写真を使う」から読み込みます。

Myステッカーを利用したスタンプの作成

1 パッケージの選択

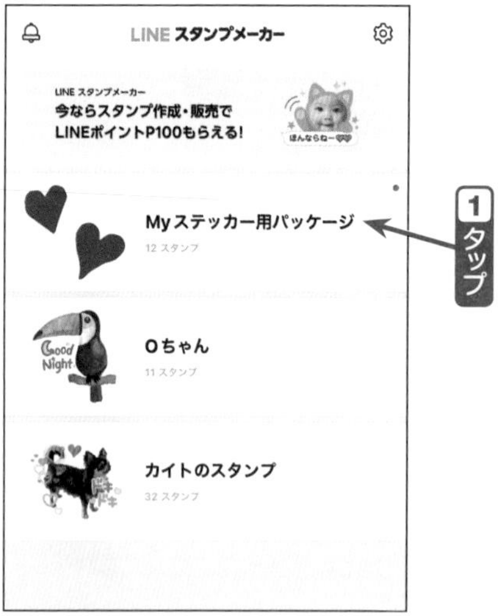

HINT

ステッカーを登録したパッケージを選択します。

2 メニューの表示

3 メニューの選択

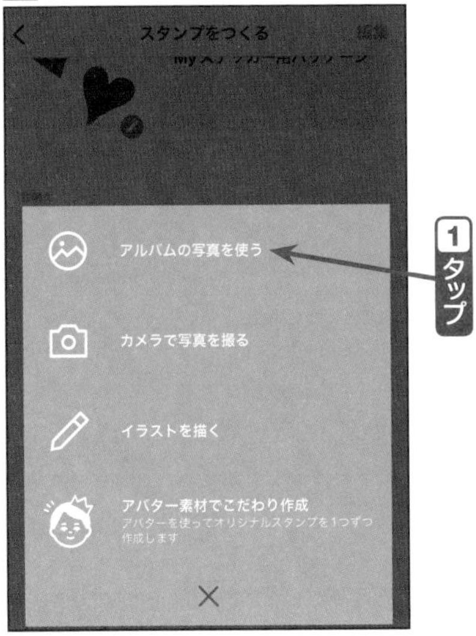

HINT
ここでは、「アルバムの写真を使う」を選択することとします。

4 写真の加工

HINT
ここでは、アルバムから読み込んだ写真を◯（かたち）ツールでハート型にくり抜いています。

5 サイズ・角度調整の実行

HINT
ここでは、次の操作でステッカーを追加するためにくり抜いた画像を少し縮小しています。

6 ステッカーの挿入

7 ステッカーの選択

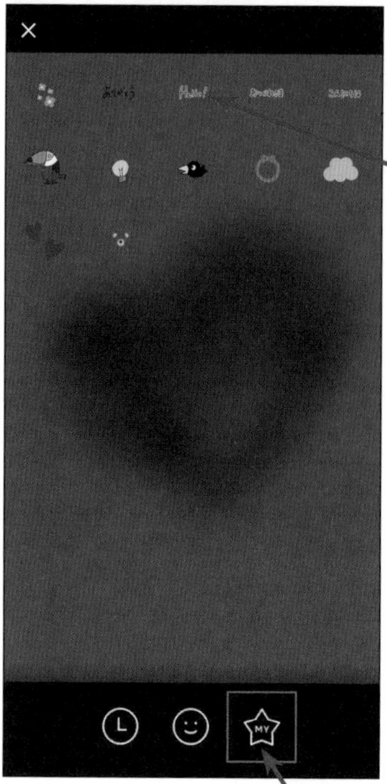

8 ステッカーの配置と追加

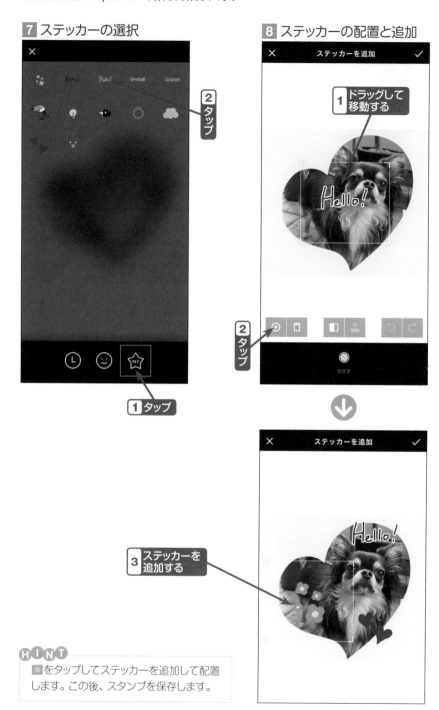

HINT

をタップしてステッカーを追加して配置します。この後、スタンプを保存します。

ONEPOINT
同じパッケージ内のスタンプはMyステッカーとして利用できる

LINEスタンプメーカーでは、同じパッケージ内のスタンプをMyステッカーとして利用することができます。そのため、Myステッカー専用のパッケージを作成し、そのパッケージ内でスタンプを作成すると、ステッカー用に登録したスタンプを利用できるようになります。ただし、パッケージに作成できるスタンプは40個までとなります。

なお、Myステッカーを使ってスタンプを作成した後は、次のように、別のパッケージに移動させることで、パッケージ内が煩雑にならずに作成作業を進めることができます。

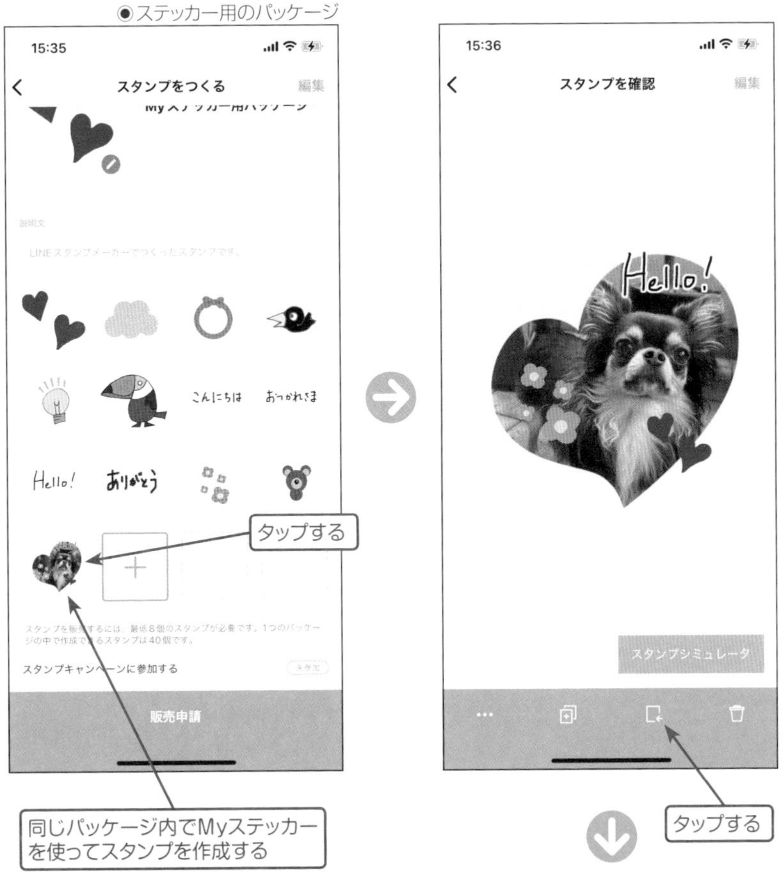

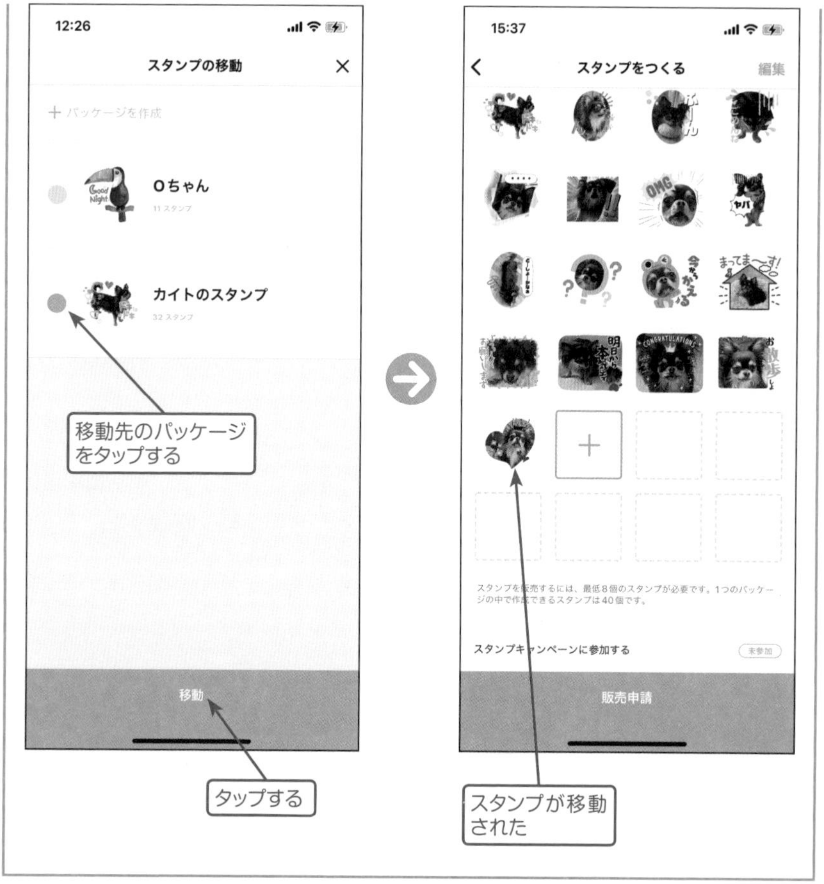
12:26
スタンプの移動
＋ パッケージを作成
Oちゃん
11 スタンプ
カイトのスタンプ
32 スタンプ
移動先のパッケージをタップする
移動
タップする
15:37
スタンプをつくる
編集
スタンプを販売するには、最低8個のスタンプが必要です。1つのパッケージの中で作成できるスタンプは40個です。
スタンプキャンペーンに参加する
未参加
販売申請
スタンプが移動された

CHAPTER 4

アバターからスタンプを作成してみよう

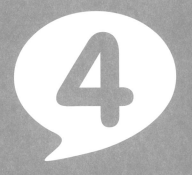

SECTION 23 LINEのアバターについて知っておこう

ここでは、アバターについて説明します。

※アバターからスタンプを作成する機能は、日本居住ユーザーのみ利用可能です。
※特定のキャラクターや衣装は利用できない場合があります。

アバターとは

アバターとは、インターネット上で自分の分身として動作するキャラクターです。「LINE」アプリにはアバターを作成する機能があり、自身のプロフィールなどに写真に代わって表示させせることができます。「LINE」アプリで作成できるアバターには、写真から自分に似たキャラクターを作ることはもちろんのこと、用意されている複数のアバターの髪型や顔のパーツ、服装、装飾品などを自由に選んでオリジナルのキャラクターを作り上げることもできます。

◉アバター

「LINE」アプリで作成したアバター

アバターをもとにスタンプを作成できる

LINEスタンプメーカーでは、「LINE」アプリで作成したアバターをもとにスタンプを作成することができます。1つのアバターから、瞬時に16種類のポーズのスタンプをまとめてセットで作成したり、個々にポーズを選んで文字やイラストを追加して1つ1つ作ることも可能です。

すでに、「LINE」でアバターを利用しているユーザーは、そのアバターからスタンプを作成できます。また、アバターを作成していない、別のアバターを作りたい場合には、LINEスタンプメーカーから「LINE」アプリに連携して新たにアバターを作成し、スタンプに加工することができます。

「LINE」でアバターを使っている

アバターを新規作成してスタンプに加工

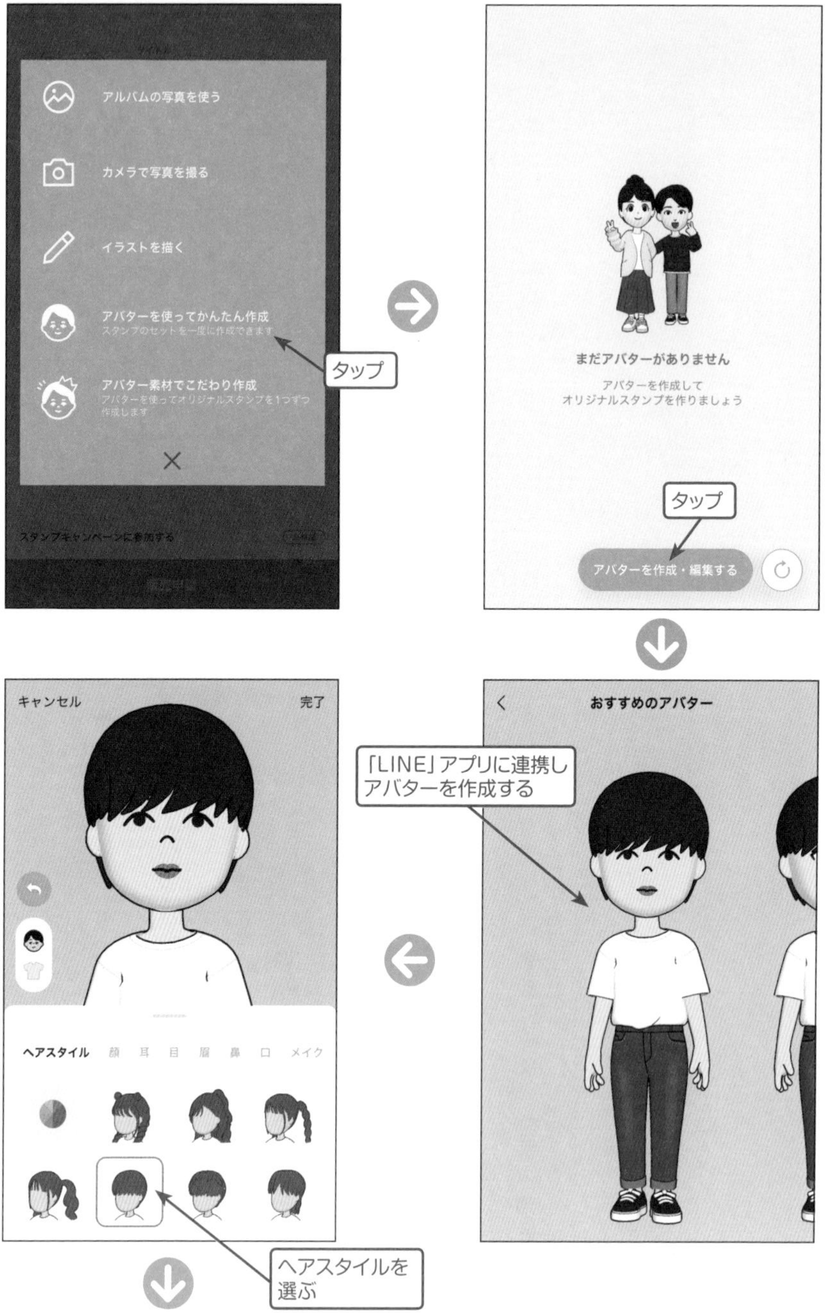
アルバムの写真を使う
カメラで写真を撮る
イラストを描く
アバターを使ってかんたん作成
スタンプのセットを一度に作成できます
アバター素材でこだわり作成
アバターを使ってオリジナルスタンプを1つずつ作成します
タップ
まだアバターがありません
アバターを作成して
オリジナルスタンプを作りましょう
タップ
アバターを作成・編集する
おすすめのアバター
「LINE」アプリに連携しアバターを作成する
キャンセル
完了
ヘアスタイル
顔
耳
目
眉
鼻
口
メイク
ヘアスタイルを選ぶ

キャンセル
完了
顔
耳
目
眉
鼻
口
メイク
ひげ
めがね
顔のパーツを選ぶ
キャンセル
完了
衣装
トップス
ボトムス
靴下
靴
衣装のパーツを選ぶ
アバターを選ぶ
LINEスタンプメーカーに戻って作成したアバターを選択すると
スタンプをつくる
編集
タイトル
わたしのスタンプ
説明文
LINEスタンプメーカーでつくったスタンプです。
LINEスタンプメーカーが16個のスタンプセットを瞬時に作成してくれる

SECTION 24 自撮り写真からアバタースタンプセットを素早く作成する

LINEスタンプメーカーには、アバターから自動的に16個のスタンプセットに加工できる機能があります。ここでは、自撮り写真からアバターを作成し、スタンプセットを完成させる方法を紹介します。

1 新規スタンプの作成

HINT

ここでは、新規パッケージにスタンプを作成することとします。

2 アバター選択画面の表示

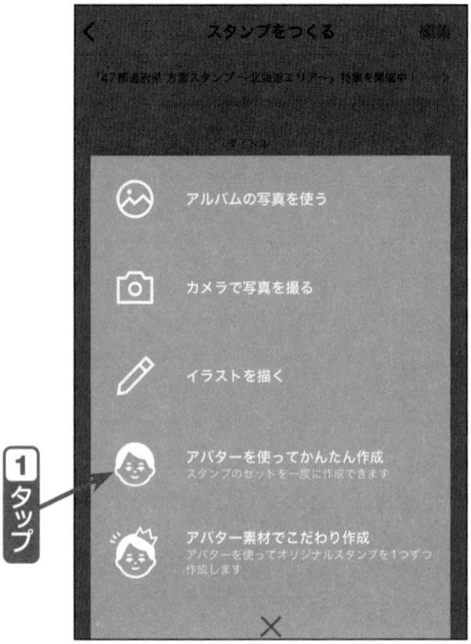

3 アバター作成画面の表示

HINT

ここから「LINE」アプリに切り替わり、アバター作成画面が表示されます。

HINT

すでに「LINE」でアバターを作成済みの場合には、ここに作成したアバターが表示され、選択するとスタンプセットが作成されます。

4 カメラの起動

5 写真の撮影

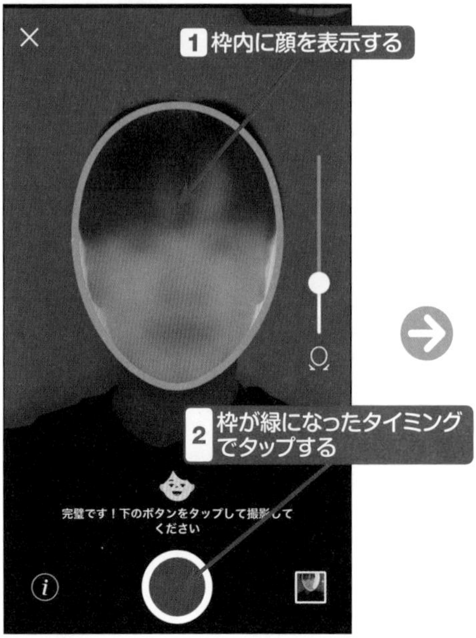

1 枠内に顔を表示する
2 枠が緑になったタイミングでタップする
完璧です！下のボタンをタップして撮影してください

おすすめのアバター
3 写真をもとに作成されたアバター

HINT

撮影済みの顔写真がある場合には、右下のアイコンをタップするとアルバムから選択することができます。

HINT

左にドラッグすると、別の候補が表示されます。

6 アバターの編集の開始

編集
追加
1 タップ

7 ヘアスタイルの編集

キャンセル
完了
ヘアスタイル
顔
耳
目
眉
鼻
口
メイク
1 タップ

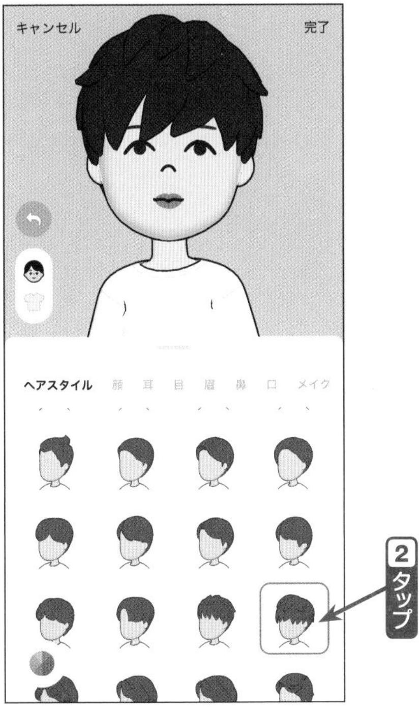

HINT

髪の色を変更する場合には、左下の◑をタップして色を選択します。

8 顔やパーツの編集

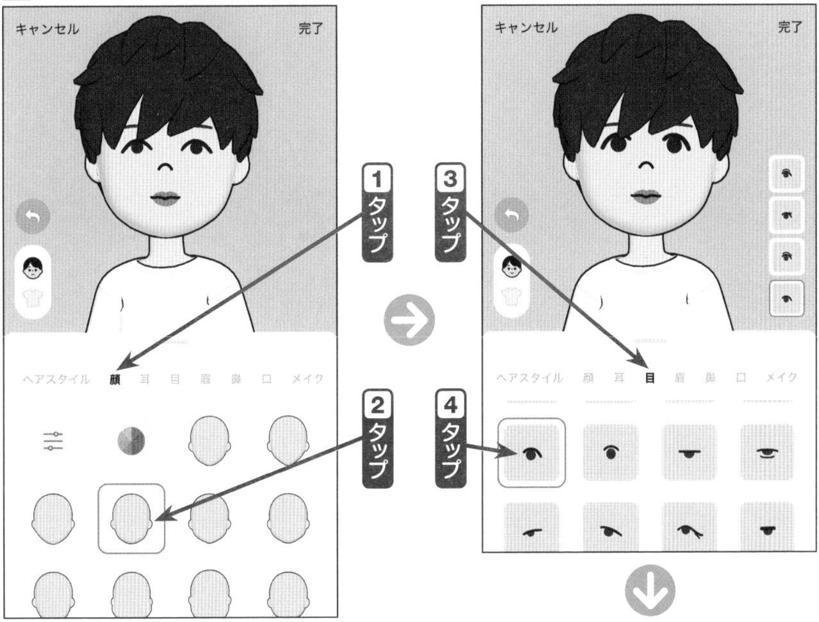

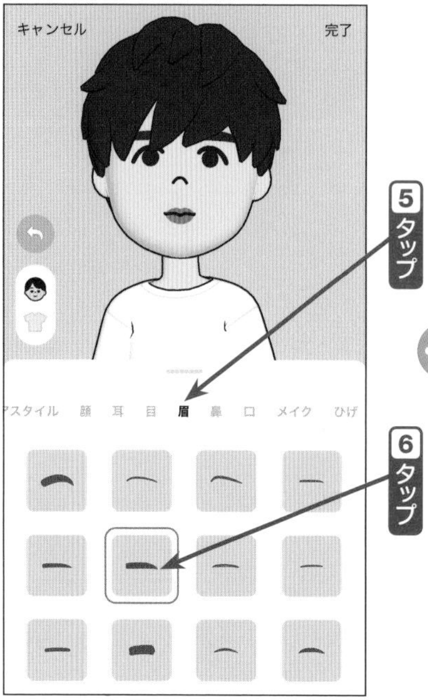

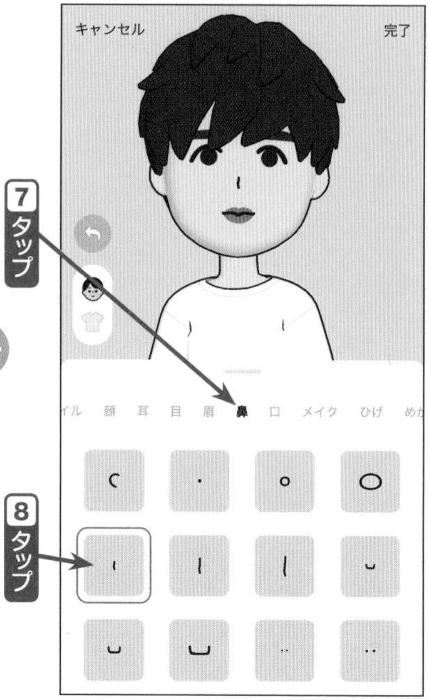

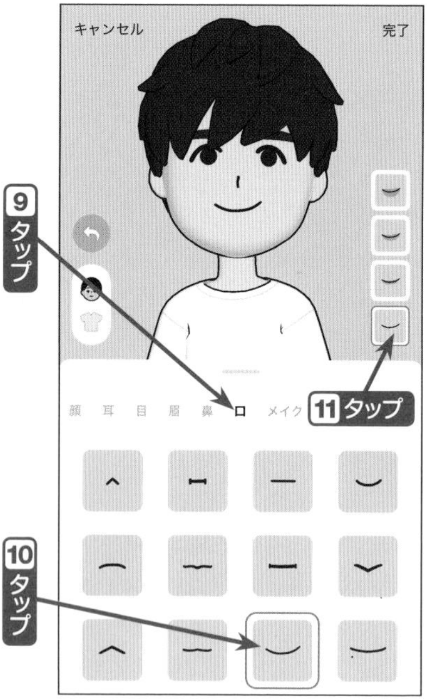

HINT

この要領で、顔のパーツの編集を行います。1つ前に戻したい場合には、 ボタンをタップします。

HINT

左上の［キャンセル］をタップすると、自撮り写真から作成した直後のアバターに戻ります。

9 衣装の編集

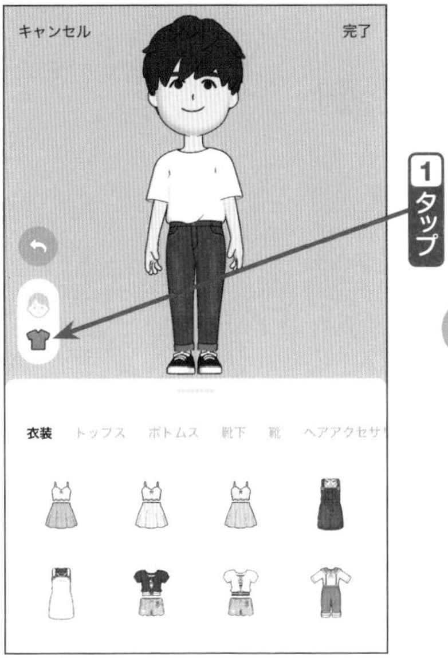

HINT

この要領で、衣装や装飾品などの編集を行います。

10 編集の終了

HINT

再編集したい場合には、😊または👕をタップします。

11 作成したアバターの表示

まだアバターがありません
アバターを作成して
オリジナルスタンプを作りましょう
アバターを作成・編集する
1 タップ

12 アバターの選択

アバターを選ぶ
1 タップ

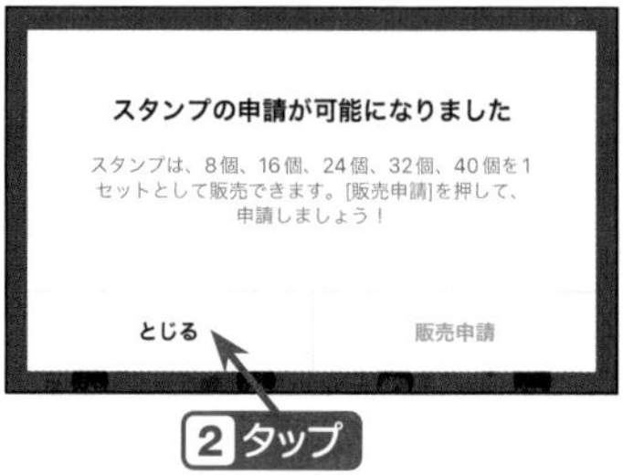
スタンプの申請が可能になりました
スタンプは、8個、16個、24個、32個、40個を1セットとして販売できます。[販売申請]を押して、申請しましょう！
とじる
販売申請
2 タップ

HINT

ここでは［とじる］を選択して作成されたスタンプを確認することとします。

13 スタンプセットの確認

HINT

［販売申請］をタップすると、スタンプセットを申請することができます。ここでは、タイトルを入力し申請せずに終了することとします。

ONEPOINT アバター作成でスタンプセットが自動的に完成

LINEスタンプメーカーの「アバターを使ってかんたん作成」を利用すると、「LINE」で作成したアバターをもとに、次のような16種類のスタンプが自動的に作成されます。これらのスタンプは、LINEの機能内で作成されているため、申請後の審査に通りやすいメリットがあります。なお、このセットにさらにスタンプを追加する方法は、次の項目を参考にしてください。

◆ 自動的に作成されたスタンプセット

ONEPOINT
アバター自体を編集したい場合には

たとえば、髪型を変えたり、季節によって衣装を変更したいなど、アバター自体を編集したい場合には、「LINE」アプリで編集します。ただし、操作例のように作成したスタンプセットには、もとのアバターの編集内容は反映されません。そのため、編集後のアバターで再度スタンプセットを作成する必要があります。

「LINE」アプリでアバターを編集するには、次のように操作します。

❶「LINE」を起動します。
❷下のメニューの[ホーム]をタップします。
❸画面右上の自身のLINEアイコンをタップします。
❹[アバター]をタップします。
❺複数のアバターを登録してある場合には、右から左にスクロールして目的のアバターを表示します。
❻またはをタップします。
❼アバターの編集が終了したら[完了]をタップします。

SECTION 25 アバタースタンプセットにスタンプを追加作成する

ここでは、144～151ページで作成したアバターのスタンプセットに、さらにスタンプを追加作成する方法を紹介します。

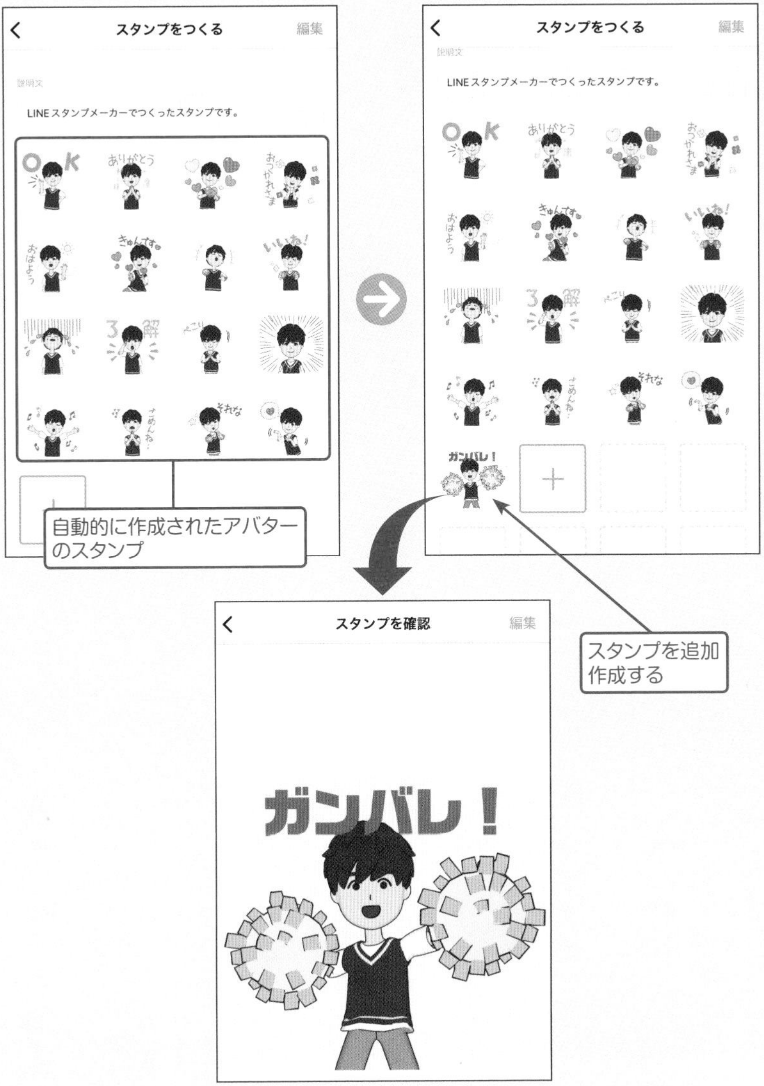

1 パッケージの選択

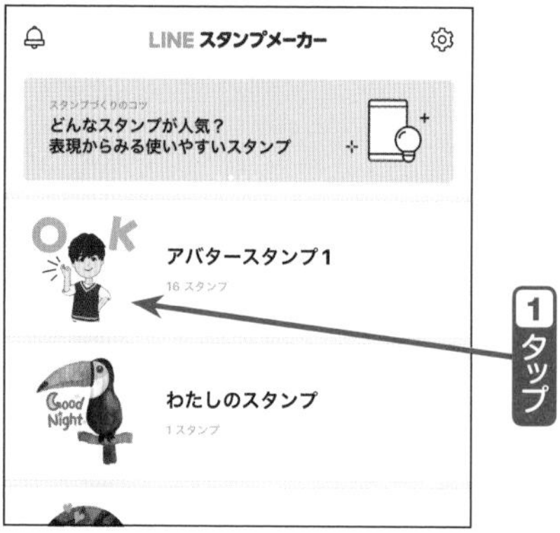

HINT

ここでは、144～151ページで作成したパッケージにスタンプを追加作成することとします。

2 新規スタンプの作成

3 編集画面の表示

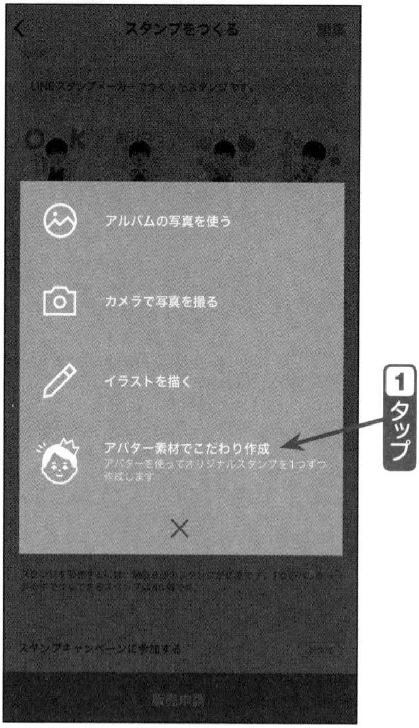

4 アバターの選択

5 ポーズの選択

6 編集画面の表示

HINT

ここでは、スタンプの形状は編集せずに［スキップ］をタップして進むこととします。

HINT

ここでは、スタンプのサイズ・角度は編集せずに［次へ］をタップして進むこととします。

7 スタンプの編集

HINT

スタンプにテキストを表示する方法は38ページを参照してください。

8 スタンプの保存

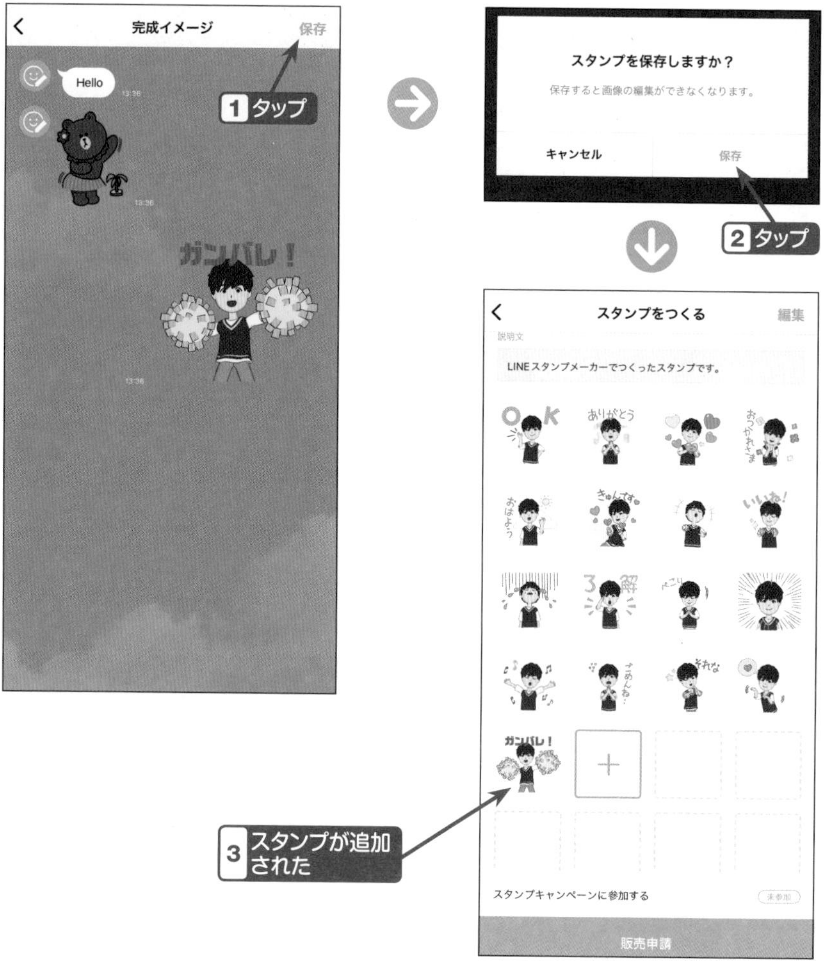

ONEPOINT スタンプセットにスタンプを追加する用途

アバターで自動作成された16個のスタンプセットには、新たにスタンプを追加できます。16種類より多くのスタンプを作成したい場合や、目的の用途のスタンプを新たに追加作成したい際に利用できます。スタンプの申請には8個/16個/24個/32個/40個が単位となりますが、販売申請する際に任意のスタンプを選択できるので、いくつか追加作成して必要なスタンプのみを申請することも可能です。

既存のアバターを利用して独自キャラのスタンプを作成する

「LINE」アプリには、人物や動物などオリジナルのアバターが用意されています。ここでは、動物のアバターをもとに、スタンプを作成する方法を紹介します。

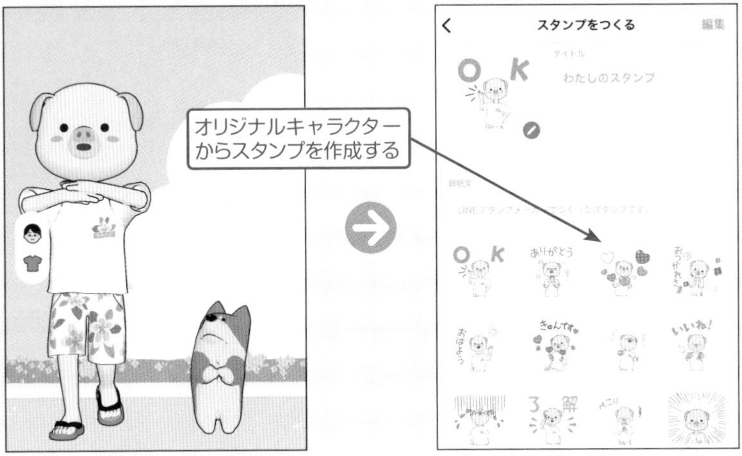

オリジナルキャラクターからスタンプを作成する

1 新規スタンプの作成

1 タップ

HINT
ここでは、新規パッケージにスタンプを作成することとします。

2 メニューの選択

1 タップ

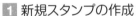

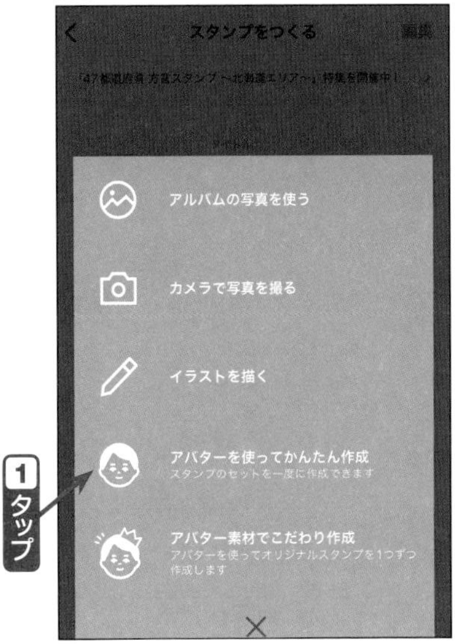

3 アバター作成画面の表示

HINT
ここから「LINE」アプリに切り替わり、アバター作成画面が表示されます。

4 アバターの選択

5 めがねの編集

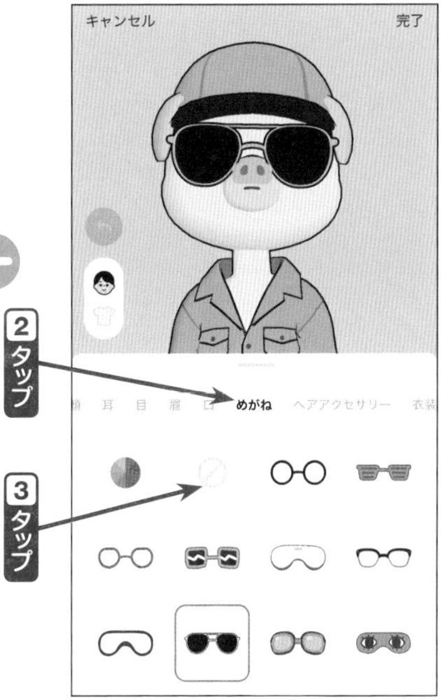

HINT

ここでは、かけていたサングラスを外すために⊘（なし）を選択しています。

4 アバターからスタンプを作成してみよう

6 ヘアアクセサリーの編集

HINT

この要領で、編集を行います。1つ前に戻したい場合には、（戻る）ボタンをタップします。

HINT

左上の［キャンセル］をタップすると、作成した直後のアバターに戻ります。

7 編集の終了

HINT

再編集したい場合には、またはをタップします。

8 作成したアバターの表示と選択

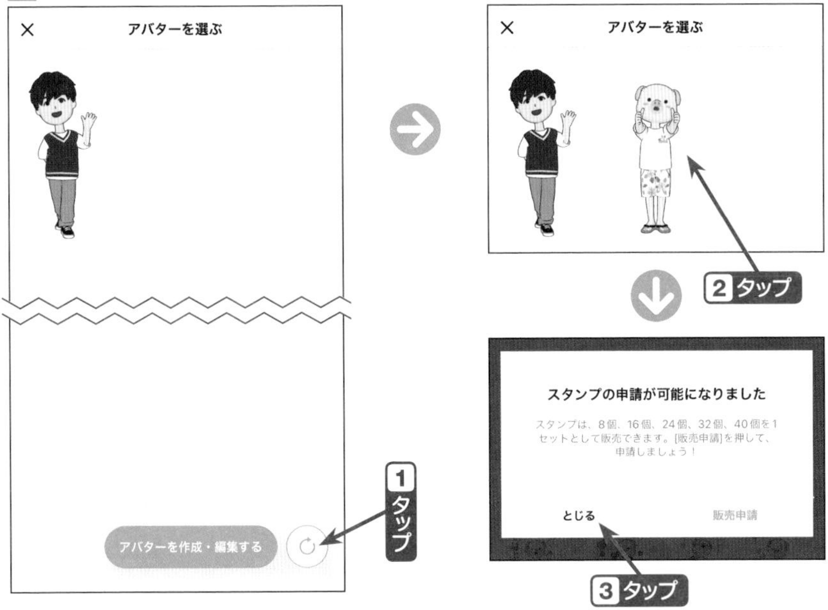

9 スタンプセットの確認

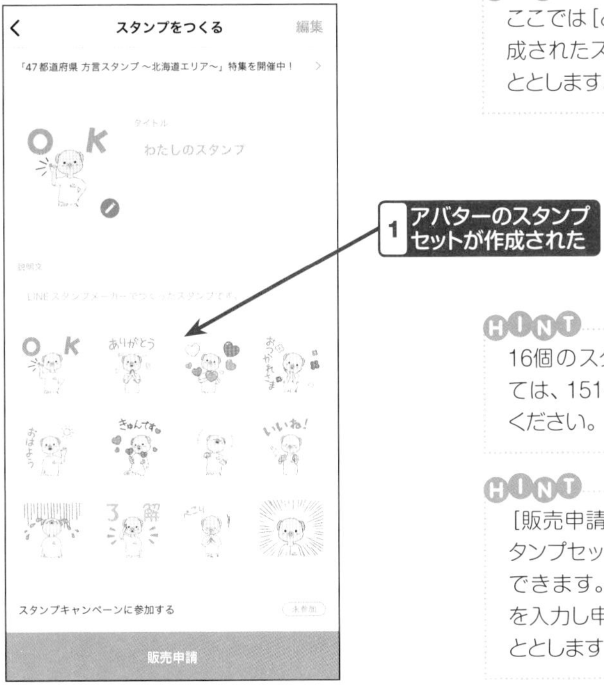

HINT

ここでは［とじる］を選択して作成されたスタンプを確認することとします。

HINT

16個のスタンプの内容については、151ページを参考にしてください。

HINT

［販売申請］をタップすると、スタンプセットを申請することができます。ここでは、タイトルを入力し申請せずに終了することとします。

ONEPOINT

キャラを利用してオリジナルスタンプを作成

「LINE」アプリには、「Myキャラ」「へんしんキャラ」として、さまざまな人物や動物のアバターが用意されています。これらは個々にパーツの色や形を変更することができるので、オリジナルのアバターから独自のスタンプを作成することができます。ただし、「LINE」アプリに登録できるアバター数には上限があるので注意が必要です。なお、「LINE」アプリで任意のアバターを削除しても、それをもとに作成したスタンプは削除されることはありません。

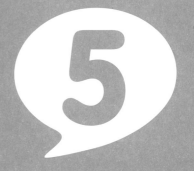

CHAPTER 5

作成したスタンプを
申請してみよう

SECTION 27 スタンプの内容を確認・整理する

LINEスタンプメーカーでは、8個以上のスタンプを作成すると、販売申請することができます。ここでは、作成したスタンプを申請するためにしておくべき準備について説明します。

スタンプの配置を考えよう

スタンプ画像が完成したら、表示される配置・順番を考えます。通常スタンプ画像は、次のように1行に4個ずつ表示されます。そのため、よく使われる「日常の挨拶」や「返事」などを上に配置しておくと、利用する際に便利です。また、スタンプの数によっては、スタンプを表示した時に、スクロールしないと全体の内容を把握することができないため、特に販売目的でスタンプを作成する場合には、ユーザーにアピールしたいスタンプは、上段に配置しておくと良いでしょう。

◉トークでの利用

◉購入ページ

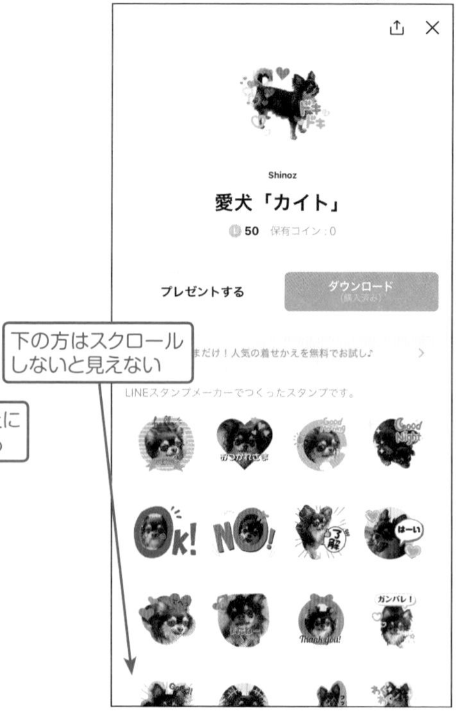

スタンプの並び順を変更する

1 パッケージの選択

LINE スタンプメーカー
新作デコステッカー
かわいくデコっちゃ
1 LINEスタンプメーカーを起動する
Oちゃん
カイトのスタンプ
2 タップ

2 スタンプの移動

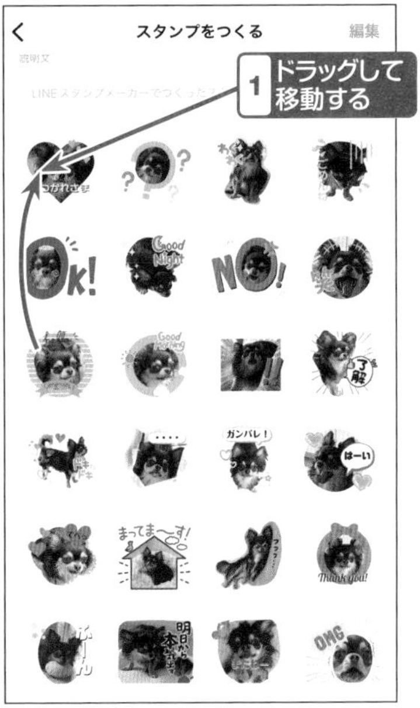
スタンプをつくる
編集
説明文
1 ドラッグして移動する

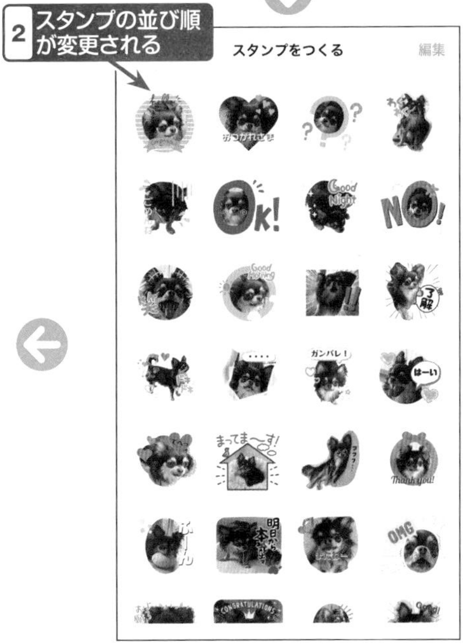
2 スタンプの並び順が変更される
スタンプをつくる
編集

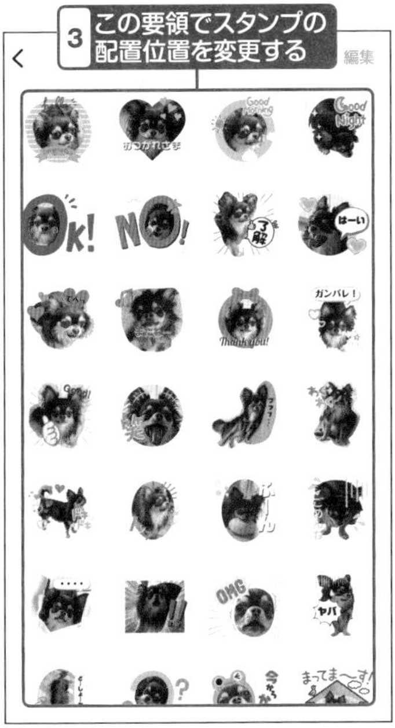
3 この要領でスタンプの配置位置を変更する
編集

ONEPOINT
メイン画像について

メイン画像とは、パッケージの顔となるスタンプです。LINEスタンプメーカーでメイン画像に設定したスタンプは、トーク画面と購入ページでは次のように表示されます。操作例のようにスタンプの配置を変更すると、1段目の左端のスタンプが、自動的にメイン画像として表示されます。この画像は ✎（鉛筆マーク）をタップして別のスタンプに変更できます。また、販売申請時に再度設定する操作があるため、その際に変更することも可能です。

●メイン画像

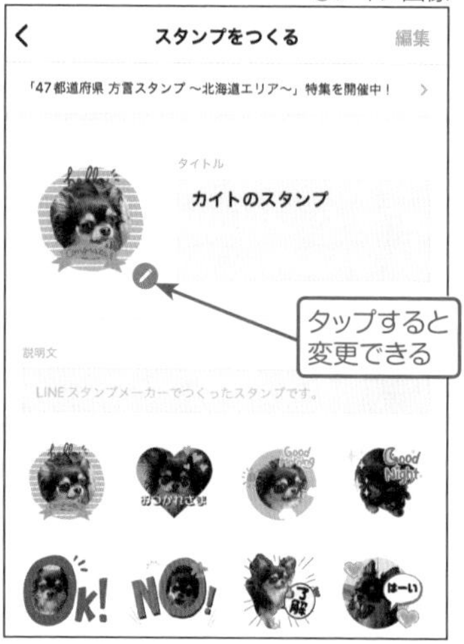

●トーク画面

※ここに表示される画像は「タブ画像」と言います。LINEスタンプメーカーではメイン画像がタブ画像としても表示されます。

●購入ページ

SECTION 28 スタンプの販売申請を実行する

ここでは、32個のスタンプを販売申請する方法を説明します。

1 「販売申請」の実行

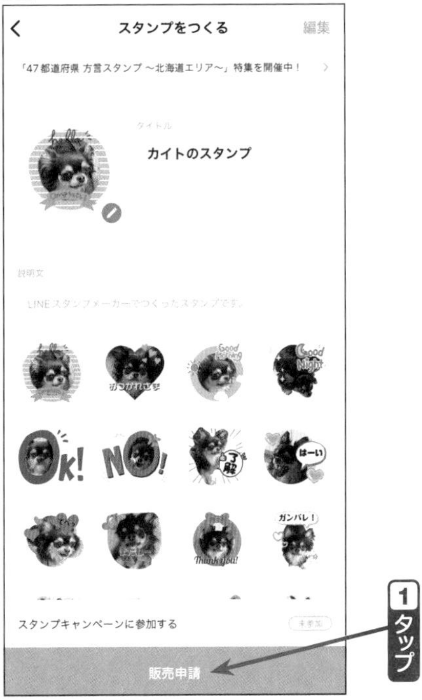

2 スタンプの個数の選択

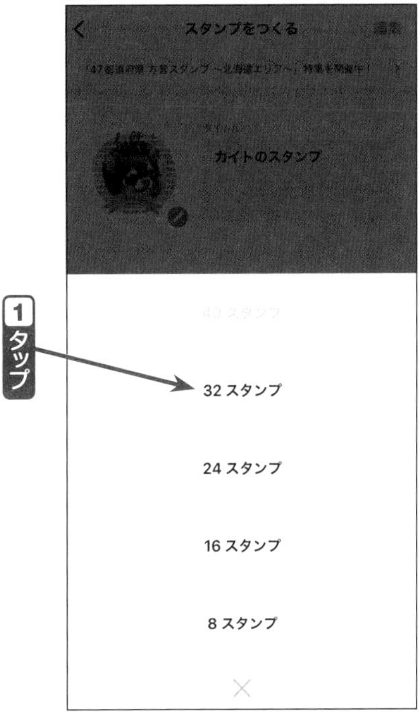

HINT

初めて販売申請をする際、「LINE Creators Market」にユーザー登録していない場合は、この操作の後にクリエイター登録する画面が表示されます。クリエイター登録には「居住地」「氏名（屋号）」「メールアドレス」の情報入力が必要で、メールアドレス宛に本人確認用のメールが送信されます。本人確認後に登録完了となり、その後クリエイター名を設定します。

3 スタンプの選択

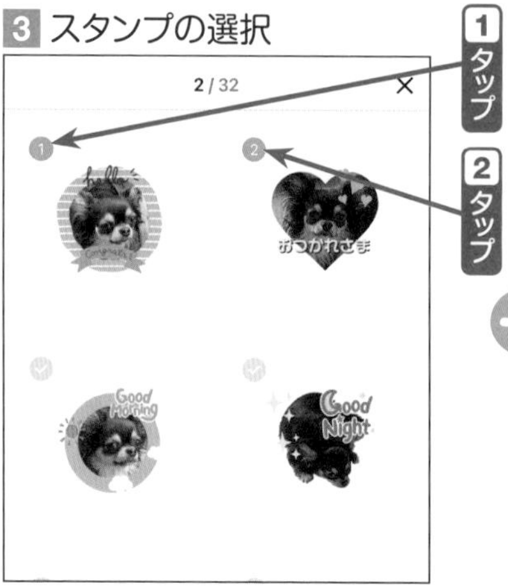

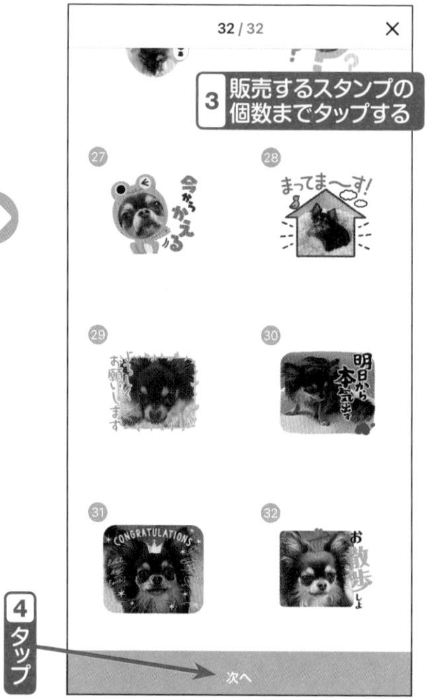

HINT

販売するスタンプの個数までタップします。番号が並び順になりますが、165ページでスタンプの配置を決定しているため、ここでは順番に選択していくこととします。

4 メイン画像の選択

販売情報の入力

1 タイトルの入力

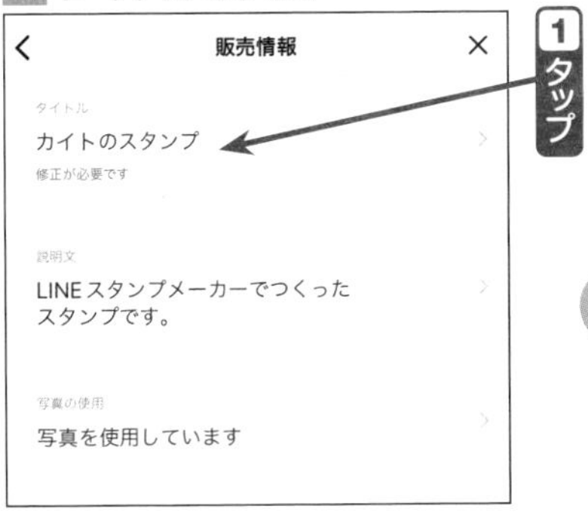

HINT
すでに他のユーザーが同じタイトル名を使用している場合には、このように表示されるので別の名前に変更する必要があります。

HINT
英語と日本語のタイトルが必要になります。英語のタイトルは自動的に作成されていますが操作例のように変更することも可能です。

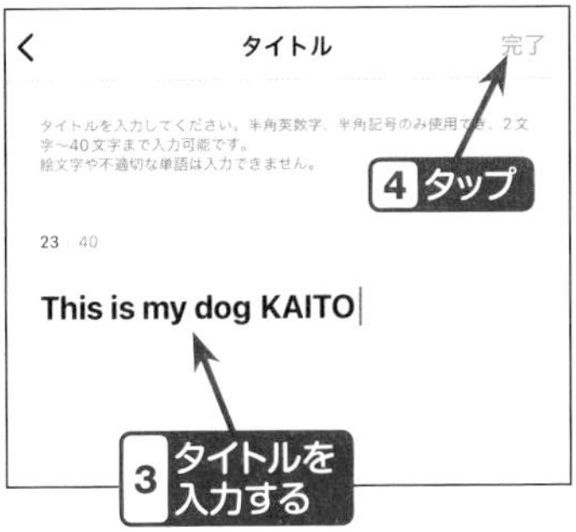

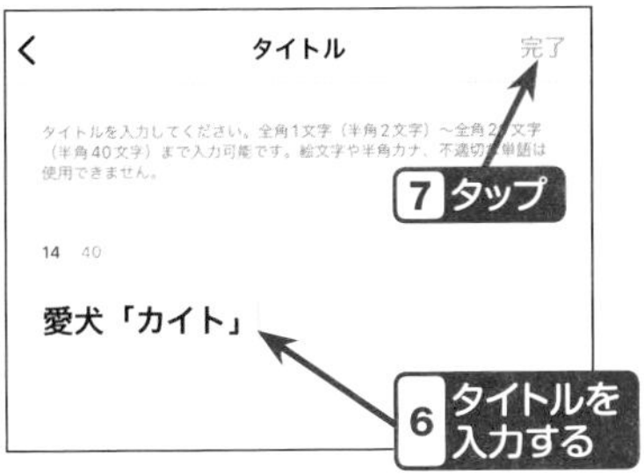

2 説明文の入力

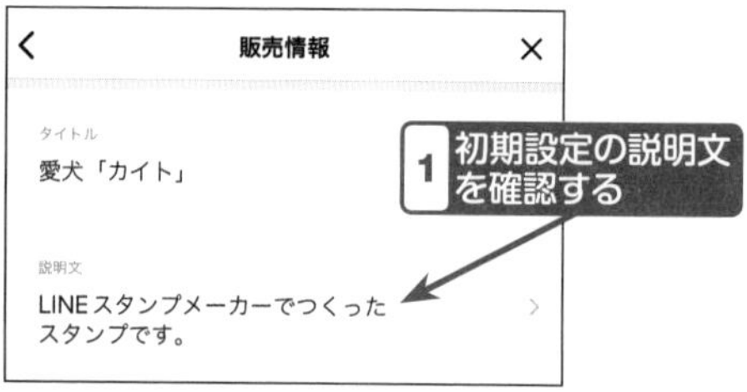

HINT

初期設定ではこのように入力されています。ここではこのまま使うこととします。なお、変更する場合に、「*****.co.jp」などURLと見なされるような単語を入力するとリジェクトの対象になるので注意が必要です。

3 写真の使用

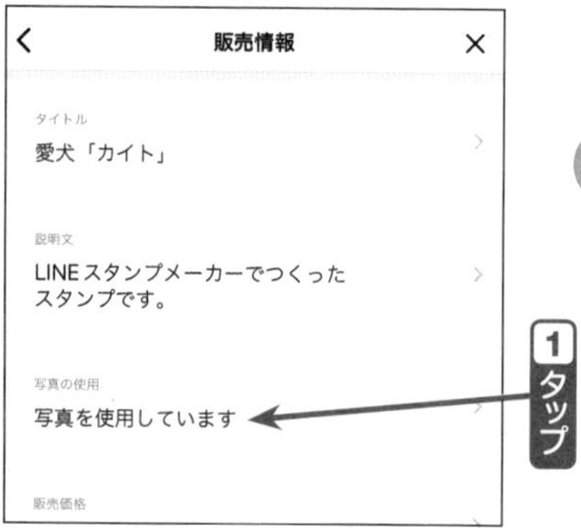

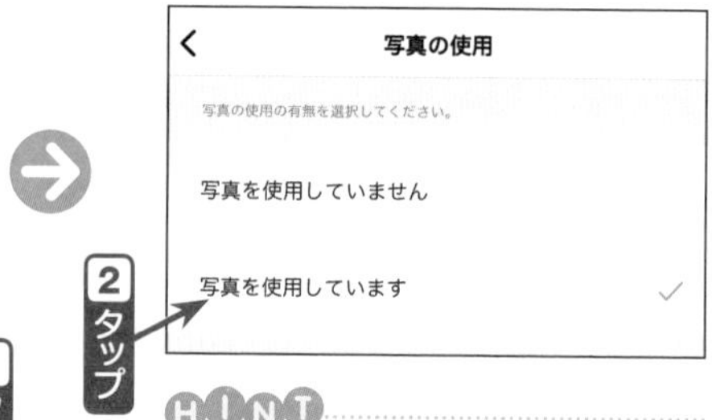

HINT

スタンプに写真を使用しているかどうか選択します。

4 販売価格の選択

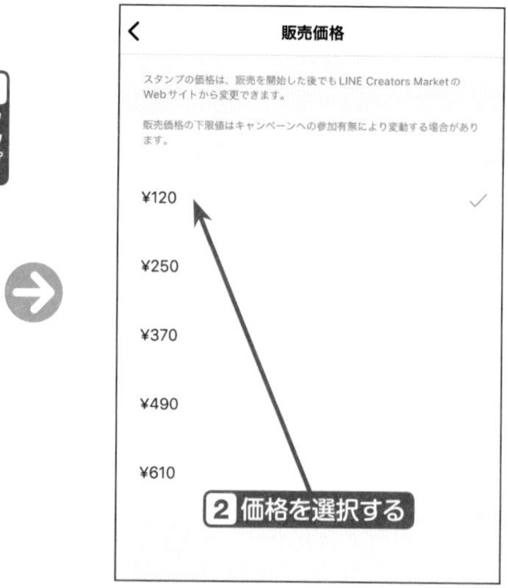

HINT

販売目的ではない場合も価格は設定する必要があります。

5 プライベート設定の選択

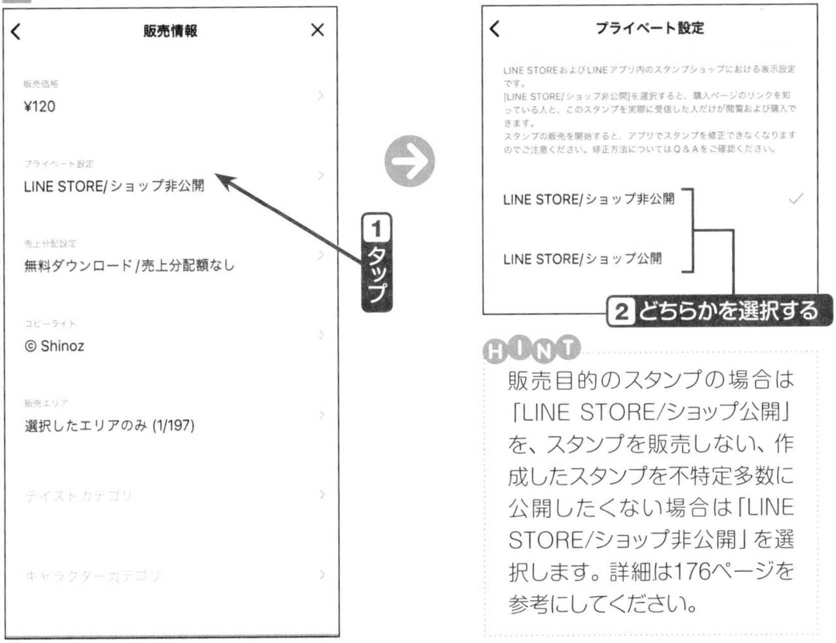
販売情報
販売価格
¥120
プライベート設定
LINE STORE/ショップ非公開
売上分配設定
無料ダウンロード/売上分配額なし
コピーライト
© Shinoz
販売エリア
選択したエリアのみ (1/197)
テイストカテゴリ
キャラクターカテゴリ
1 タップ
プライベート設定
LINE STOREおよびLINEアプリ内のスタンプショップにおける表示設定です。
[LINE STORE/ショップ非公開]を選択すると、購入ページのリンクを知っている人と、このスタンプを実際に受信した人だけが閲覧および購入できます。
スタンプの販売を開始すると、アプリでスタンプを修正できなくなりますのでご注意ください。修正方法についてはQ＆Aをご確認ください。
LINE STORE/ショップ非公開
LINE STORE/ショップ公開
2 どちらかを選択する

HINT

販売目的のスタンプの場合は「LINE STORE/ショップ公開」を、スタンプを販売しない、作成したスタンプを不特定多数に公開したくない場合は「LINE STORE/ショップ非公開」を選択します。詳細は176ページを参考にしてください。

6 売上分配設定

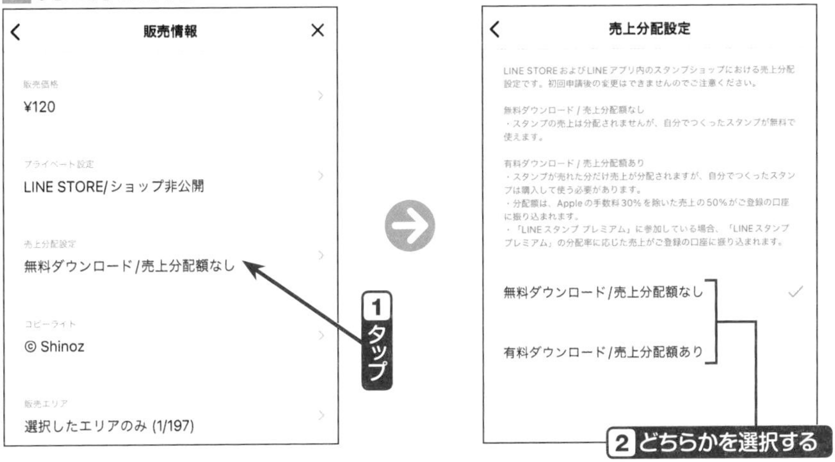
販売情報
販売価格
¥120
プライベート設定
LINE STORE/ショップ非公開
売上分配設定
無料ダウンロード/売上分配額なし
コピーライト
© Shinoz
販売エリア
選択したエリアのみ (1/197)
1 タップ
売上分配設定
LINE STOREおよびLINEアプリ内のスタンプショップにおける売上分配設定です。初回申請後の変更はできませんのでご注意ください。
無料ダウンロード / 売上分配額なし
・スタンプの売上は分配されませんが、自分でつくったスタンプが無料で使えます。
有料ダウンロード / 売上分配額あり
・スタンプが売れた分だけ売上が分配されますが、自分でつくったスタンプは購入して使う必要があります。
・分配額は、Appleの手数料30%を除いた売上の50%がご登録の口座に振り込まれます。
・「LINEスタンプ プレミアム」に参加している場合、「LINEスタンプ プレミアム」の分配率に応じた売上がご登録の口座に振り込まれます。
無料ダウンロード/売上分配額なし
有料ダウンロード/売上分配額あり
2 どちらかを選択する

HINT

「無料ダウンロード/売上分配額なし」を選択すると、スタンプの売上分配はないが、自分で作成したスタンプは無料でダウンロードでき（自分のみ1回）、「有料ダウンロード/売上分配額あり」を選択すると、スタンプが売れると売上が分配されるが、自分で作成したスタンプは購入する必要があります。

7 コピーライトの設定

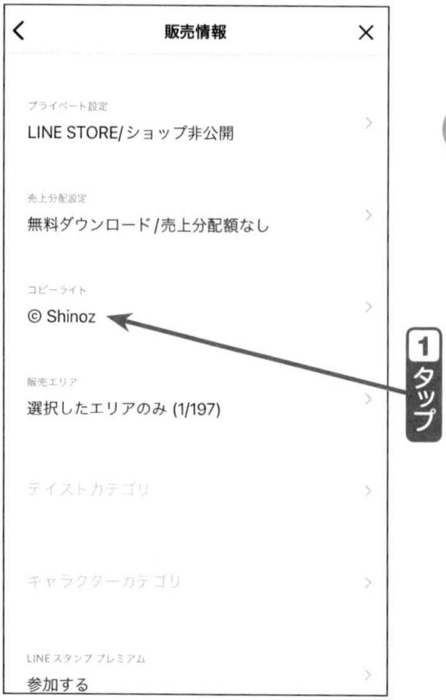

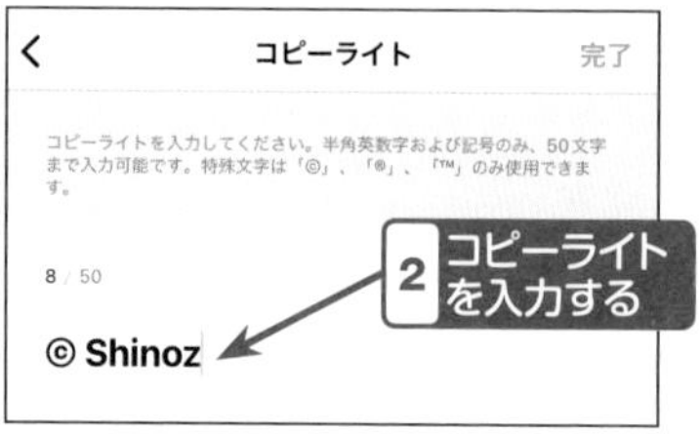

HINT

コピーライトとは、著作権者や著作物の発行年などに関する表示です。通常、©（読み：コピーライト）、(C)、Copyright、®（読み：アール）、™（読み：トレードマーク）などに続けて名前を表記します。すでに「LINE Creators Market」でコピーライトを登録している場合には、ここで設定する必要はありません。

8 販売エリア

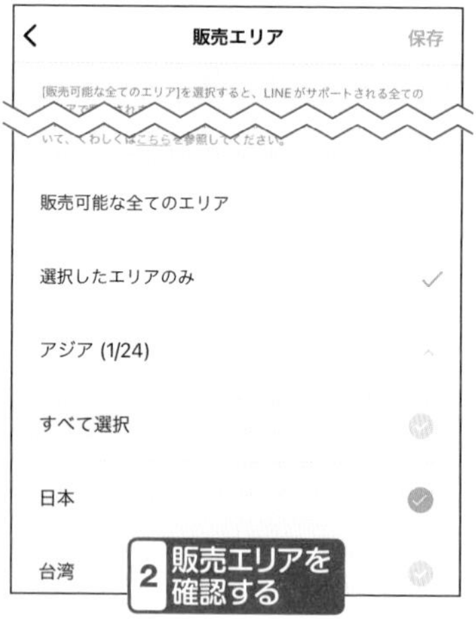

HINT

スタンプの販売地域を選択します。「販売可能なすべてのエリア」を選択すると、LINEがサポートされているすべての地域が販売エリアになります。初期設定では、「日本」のみが選択されています。ここではそのままの設定で進むこととします。販売エリアを広くすると、その分審査の規定が多くなるため、スタンプが承認される基準も高くなります。

9 テイストカテゴリ

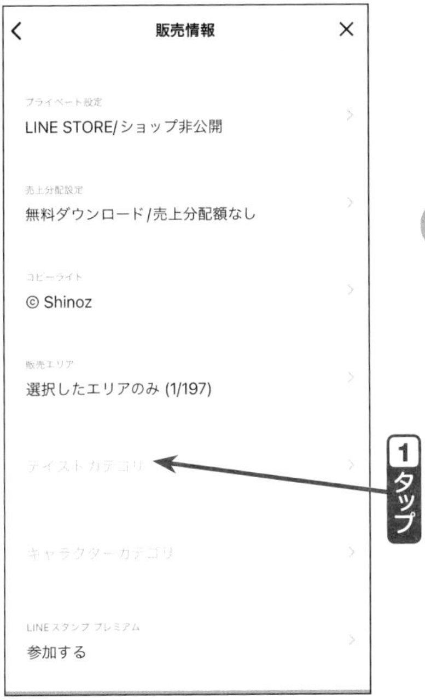

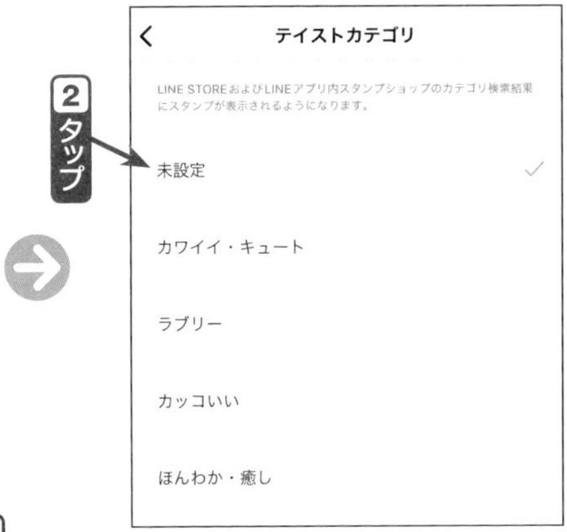

HINT

ここで選択したテイストは、「LINE STORE」や「LINE」アプリのスタンプショップでの検索対象になります。ここでは、未設定のまま進むこととします。

10 キャラクターカテゴリ

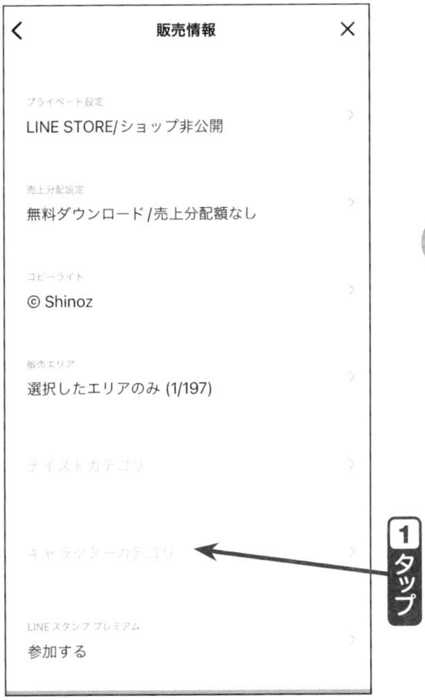

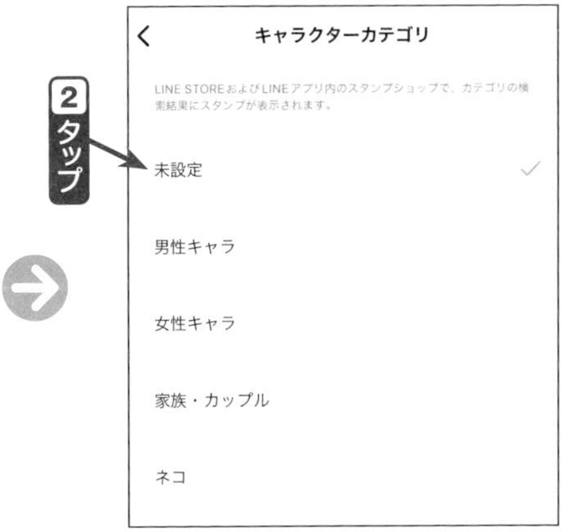

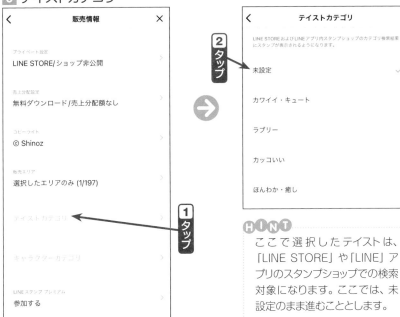

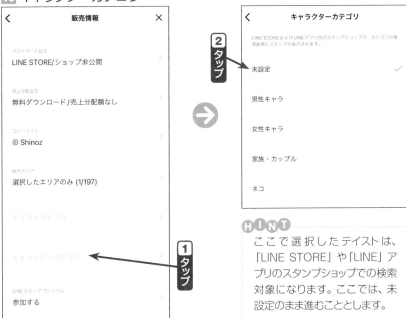

HINT

ここで選択したテイストは、「LINE STORE」や「LINE」アプリのスタンプショップでの検索対象になります。ここでは、未設定のまま進むこととします。

11 LINEスタンプ プレミアム

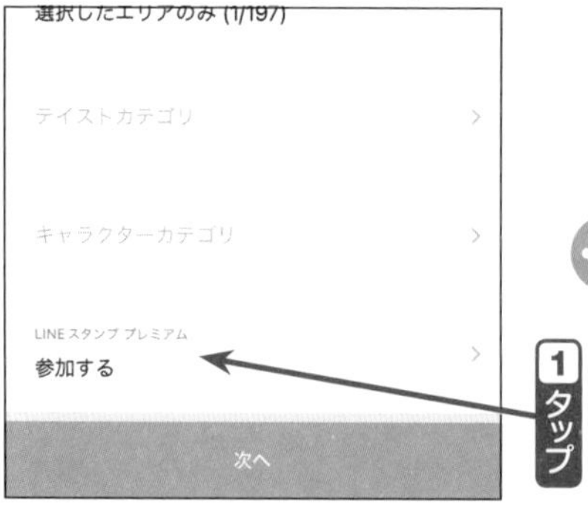

HINT

「参加する」に設定すると、定額制のスタンプ使い放題サービス「LINEスタンプ プレミアム」を契約しているユーザーがスタンプを利用できるようになります。初期設定では「参加する」になっていますが、非公開にしたい場合は「参加しない」に設定します。

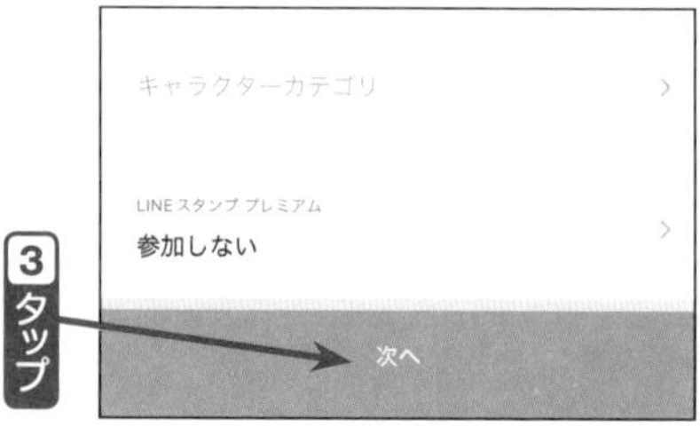

12 内容の確認

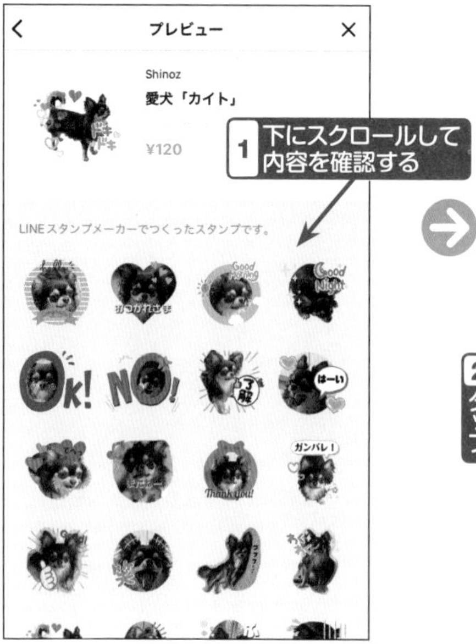

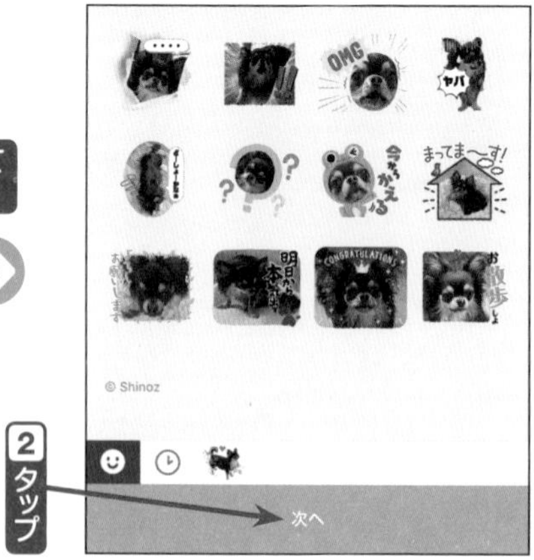

HINT

設定したタイトルや価格、説明、コピーライトなどがプレビューされるので内容を確認します。

13 写真の使用に関しての確認

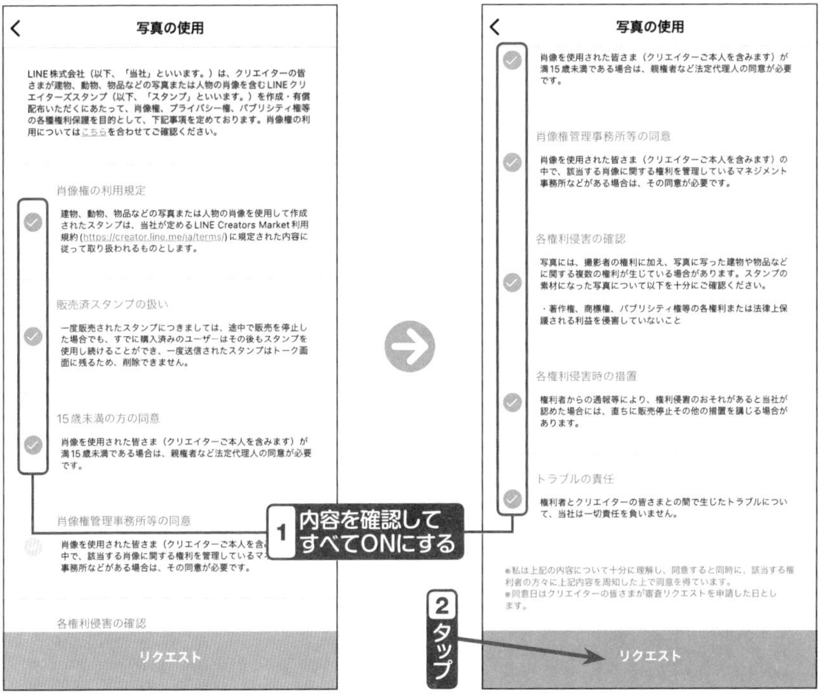

写真の使用
LINE株式会社（以下、「当社」といいます。）は、クリエイターの皆さまが建物、動物、物品などの写真または人物の肖像を含むLINEクリエイターズスタンプ（以下、「スタンプ」といいます。）を作成・有償配布いただくにあたって、肖像権、プライバシー権、パブリシティ権等の各種権利保護を目的として、下記事項を定めております。肖像権の利用についてはこちらを合わせてご確認ください。
肖像権の利用規定
建物、動物、物品などの写真または人物の肖像を使用して作成されたスタンプは、当社が定めるLINE Creators Market利用規約(https://creator.line.me/ja/terms/)に規定された内容に従って取り扱われるものとします。
販売済スタンプの扱い
一度販売されたスタンプにつきましては、途中で販売を停止した場合でも、すでに購入済みのユーザーはその後もスタンプを使用し続けることができ、一度送信されたスタンプはトーク画面に残るため、削除できません。
15歳未満の方の同意
肖像を使用された皆さま（クリエイターご本人を含みます）が満15歳未満である場合は、親権者など法定代理人の同意が必要です。
肖像権管理事務所等の同意
各権利侵害の確認
リクエスト
1 内容を確認してすべてONにする
写真の使用
肖像を使用された皆さま（クリエイターご本人を含みます）が満15歳未満である場合は、親権者など法定代理人の同意が必要です。
肖像権管理事務所等の同意
肖像を使用された皆さま（クリエイターご本人を含みます）の中で、該当する肖像に関する権利を管理しているマネジメント事務所などがある場合は、その同意が必要です。
各権利侵害の確認
写真には、撮影者の権利に加え、写真に写った建物や物品などに関する複数の権利が生じている場合があります。スタンプの素材になった写真について以下を十分にご確認ください。
・著作権、商標権、パブリシティ権等の各権利または法律上保護される利益を侵害していないこと
各権利侵害時の措置
権利者からの通報等により、権利侵害のおそれがあると当社が認めた場合には、直ちに販売停止その他の措置を講じる場合があります。
トラブルの責任
権利者とクリエイターの皆さまとの間で生じたトラブルについて、当社は一切責任を負いません。
※私は上記の内容について十分に理解し、同意すると同時に、該当する権利者の方々に上記内容を周知した上で同意を得ています。
※同意日はクリエイターの皆さまが審査リクエストを申請した日とします。
2 タップ
リクエスト

14 リクエストの実行

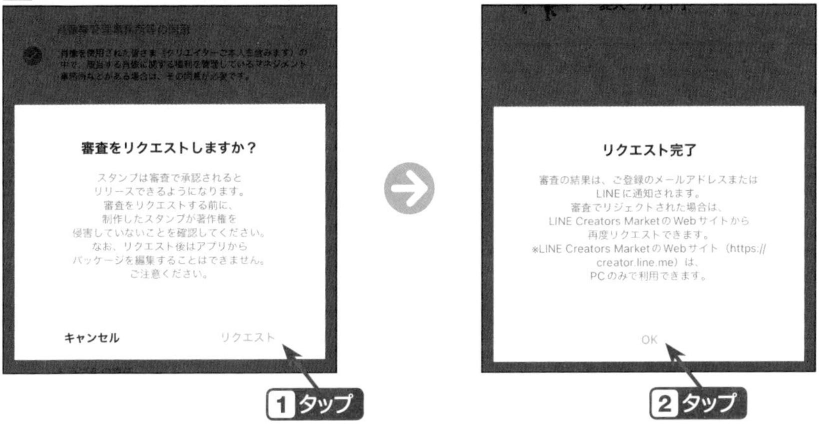

審査をリクエストしますか？
スタンプは審査で承認されるとリリースできるようになります。
審査をリクエストする前に、制作したスタンプが著作権を侵害していないことを確認してください。
なお、リクエスト後はアプリからパッケージを編集することはできません。
ご注意ください。
キャンセル
リクエスト
1 タップ
リクエスト完了
審査の結果は、ご登録のメールアドレスまたはLINEに通知されます。
審査でリジェクトされた場合は、LINE Creators MarketのWebサイトから再度リクエストできます。
※LINE Creators MarketのWebサイト（https://creator.line.me）は、PCのみで利用できます。
OK
2 タップ

HINT

この操作で、スタンプの販売申請が「LINE Creators Market」を通して実行されました。審査の結果は、「LINE Creators Market」からLINEとメールで知らせが届きます。また、LINEスタンプメーカーの「申請済みリスト」から審査状況を確認できます。

5 作成したスタンプを申請してみよう

ONEPOINT 「プライベート設定」の「LINE STORE/ショップ非公開」について

プライベート設定とは、LINEスタンプの新着やランキングへの表示を制限する設定です。「LINE STORE/ショップ非公開」に設定すると、次のようになります。

◉LINE STORE

- 新着やランキングに表示されない
- 検索結果に表示されない
- クリエイターのスタンプリストページに表示されない

ただし、「LINE STORE/ショップ非公開」に設定しても、作成者がLINEアプリのトークでスタンプを使った際、相手がそのスタンプをタップすると購入することが可能です。「自分だけで使いたい」「家族間だけで使いたい」という場合には、スタンプを入手後（使いたい仲間が入手後）に販売を停止することで、その他のユーザーは入手できなくなります。なお、販売を開始したスタンプの販売を停止する方法は186ページを参考にしてください。

◉クリエイターのスタンプリスト

SECTION 29 審査状況を確認する

ここでは、スタンプを販売申請した後の状況を確認する方法を説明します。

スタンプの状況確認

スタンプを販売申請すると、LINEスタンプメーカーの「申請済みリスト」で状況を確認することができます。また、審査の結果と販売が開始された際には、「LINE Creators Market」アカウントのLINEトークと電子メールで通知されます。

申請済みリストの表示

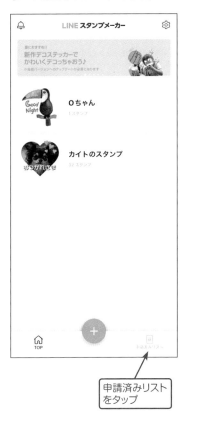

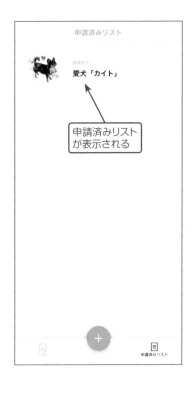

申請済みリストをタップ

申請済みリストが表示される

スタンプを利用できるようになるまで

スタンプの販売申請を実行すると、次のような段階で販売開始になります。

① 販売申請の実行

販売申請されたとの内容の「LINE Creators Market」アカウントからの通知とメールが届く。

●「LINE Creators Market」からのLINE

LINE Creators Market
今日
LINE Creators Market
スタンプの審査をリクエストしました。
スタンプID
27516050
スタンプ名
This is my dog KAITO
詳細を確認する
ヘルプを見る
11:18

●「LINE Creators Market」からのメール

受信
LM
LINE Creators Market
11:18
宛先: mmmm@pppppp.ne.jp
[LINE Creators Market]スタンプの審査をリクエストしました
篠塚　充 様
いつもLINE Creators Marketのご利用をありがとうございます。
スタンプの審査をリクエストしました。
スタンプID: 27516050
バージョン: 1
スタンプ名: This is my dog KAITO
クリエイター名: Shinoz
ステータス: 審査待ち
下記URLをクリックし、アイテム管理ページを確認してください。
https://creator.line.me/my/sticker/27516050
※自動返答システムからお送りしています。配信専用のため、本メールへの返信は受付できません。
※このメールにお心当たりのない場合は、メールの破棄をお願いいたします。

② 審査待ち

申請済みリスト
審査待ち
愛犬「カイト」

③ 審査中

申請済みリスト
審査中
愛犬「カイト」

④ 販売開始待ち

申請済みリスト
販売開始待ち
愛犬「カイト」

◉「LINE Creators Market」からのLINE

LINE Creators Market
スタンプID
27516050
スタンプ名
This is my dog KAITO
詳細を確認する
ヘルプを見る
11:18
LINE Creators Market
スタンプの審査が完了し、承認されました。
スタンプID
27516050
スタンプ名
This is my dog KAITO
詳細を確認する
ヘルプを見る

◉「LINE Creators Market」からのメール

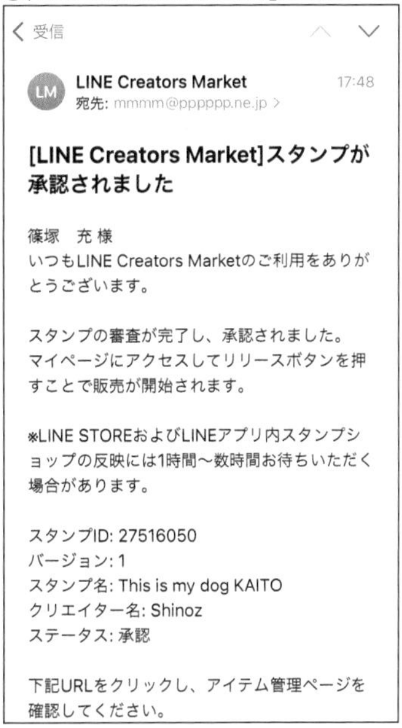
受信
LM
LINE Creators Market
17:48
宛先: mmmm@pppppp.ne.jp
[LINE Creators Market]スタンプが承認されました
篠塚 充 様
いつもLINE Creators Marketのご利用をありがとうございます。
スタンプの審査が完了し、承認されました。
マイページにアクセスしてリリースボタンを押すことで販売が開始されます。
※LINE STOREおよびLINEアプリ内スタンプショップの反映には1時間〜数時間お待ちいただく場合があります。
スタンプID: 27516050
バージョン: 1
スタンプ名: This is my dog KAITO
クリエイター名: Shinoz
ステータス: 承認
下記URLをクリックし、アイテム管理ページを確認してください。

「LINE Creators Market」から承認の連絡が届く

5 販売開始の実行

◉「LINE Creators Market」からのLINE

1
LINE Creators Market
スタンプ名
This is my dog KAITO
詳細を確認する
ヘルプを見る
17:48
LINE Creators Market
スタンプの販売を開始しました。
販売ページに反映されるまで数時間かかることがあります。
スタンプID
27516050

◉「LINE Creators Market」からのメール

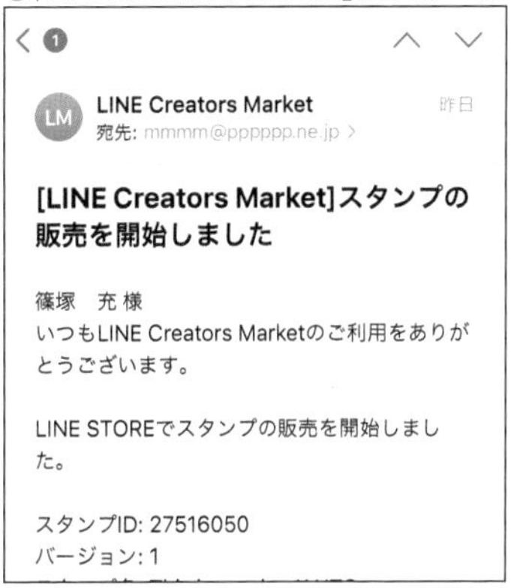
1
LM
LINE Creators Market
昨日
宛先: mmmm@pppppp.ne.jp
[LINE Creators Market]スタンプの販売を開始しました
篠塚 充 様
いつもLINE Creators Marketのご利用をありがとうございます。
LINE STOREでスタンプの販売を開始しました。
スタンプID: 27516050
バージョン: 1

HINT

販売を開始する方法は、181〜183ページを参考にしてください。

⑥ 販売中

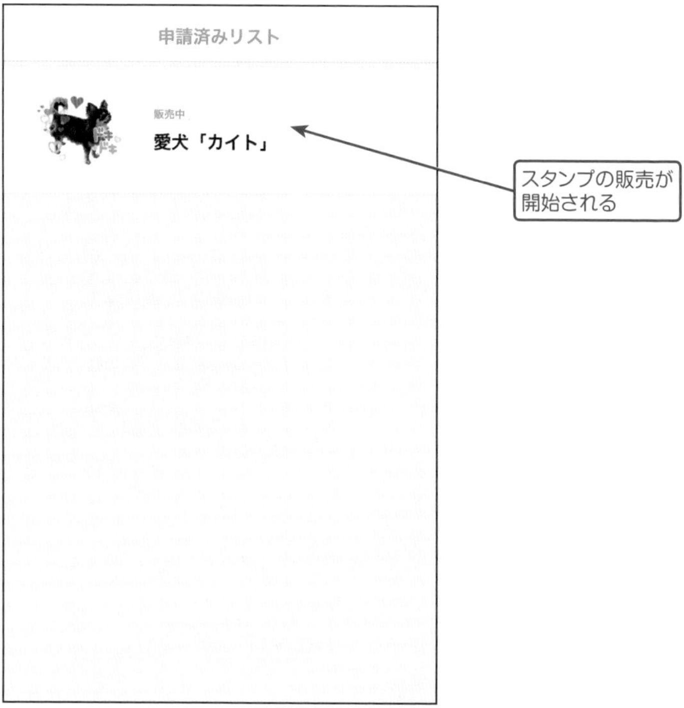

ONEPOINT
その他のスタンプの状況

スタンプの販売申請後または販売後には次のような状況になる場合もあります。

【販売申請後】

◆ リジェクト

審査に否認された状態です。スタンプの再編集後に再度販売申請をすることも可能です。

【販売開始後】

◆ 販売停止

販売開始したスタンプの販売を停止した状態です。

SECTION 30 スタンプの販売を開始する

ここでは、審査に承認されたスタンプの販売を開始する方法を説明します。

審査の完了の通知

審査が完了し、スタンプが承認されると、次のようなLINEとメールが届きます。

◉「LINE Creators Market」からのLINE

LINE Creators Market
スタンプID
27516050
スタンプ名
This is my dog KAITO
詳細を確認する
ヘルプを見る
11:18
LINE Creators Market
スタンプの審査が完了し、承認されました。
スタンプID
27516050

◉「LINE Creators Market」からのメール

受信
LM
LINE Creators Market
17:48
宛先: mmmm@pppppp.ne.jp
[LINE Creators Market]スタンプが承認されました
篠塚　充 様
いつもLINE Creators Marketのご利用をありがとうございます。
スタンプの審査が完了し、承認されました。
マイページにアクセスしてリリースボタンを押すことで販売が開始されます。
※LINE STOREおよびLINEアプリ内スタンプショップの反映には1時間～数時間お待ちいただく場合があります。
スタンプID: 27516050

販売開始の実行

販売開始を実行するには、LINEスタンプメーカーを起動して次のように操作します。

1 「申請済みリスト」の表示

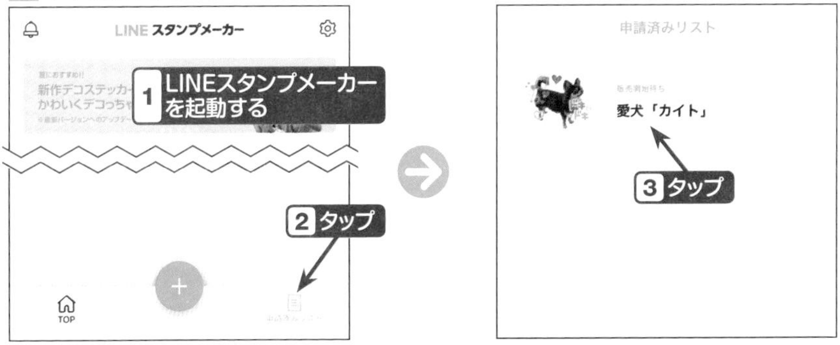
LINE スタンプメーカー
1 LINEスタンプメーカーを起動する
2 タップ
TOP
申請済みリスト
愛犬「カイト」
3 タップ

2 販売開始の実行

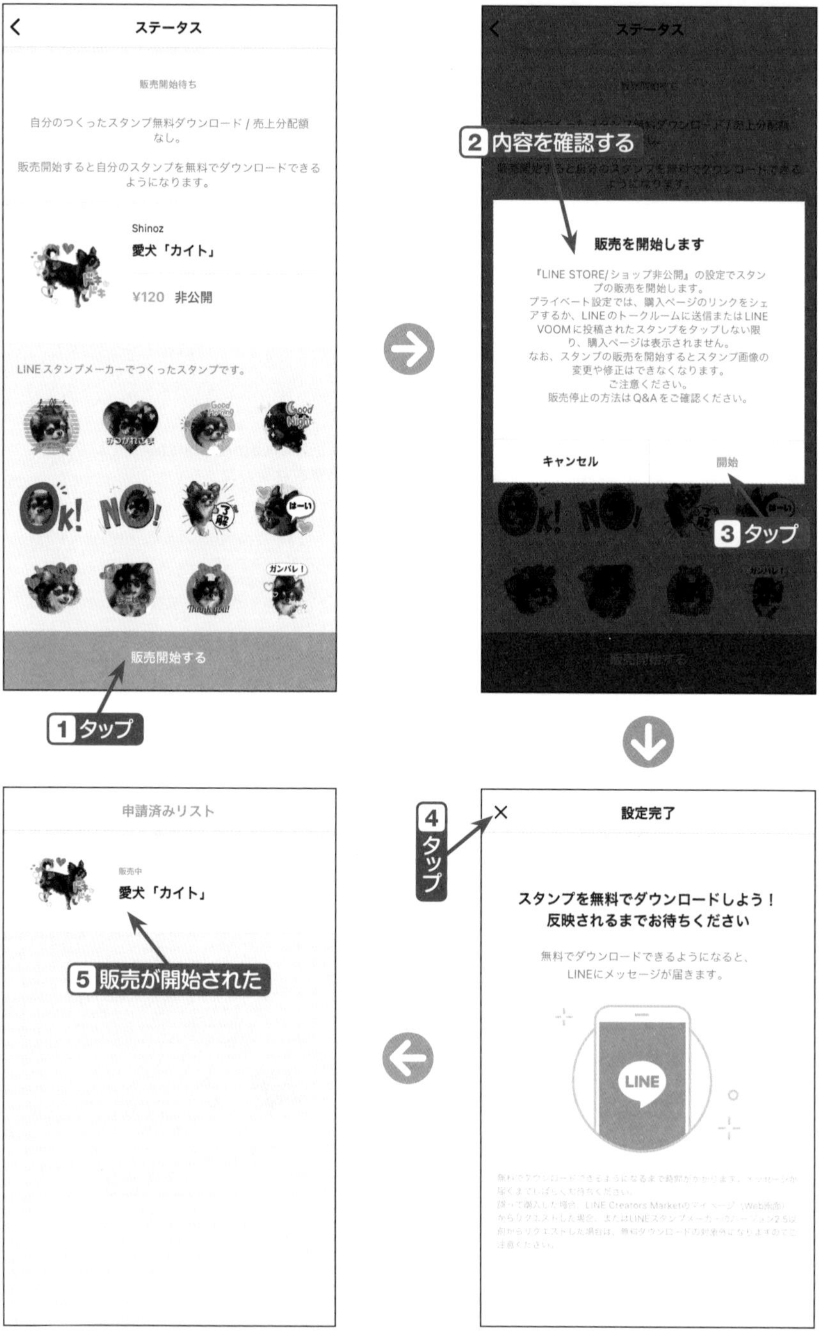

1 タップ

2 内容を確認する

3 タップ

5 販売が開始された

4 タップ

販売開始の通知

スタンプの販売が開始されると、次のようなLINEとメールが届きます。

●「LINE Creators Market」からのLINE

●「LINE Creators Market」からのメール

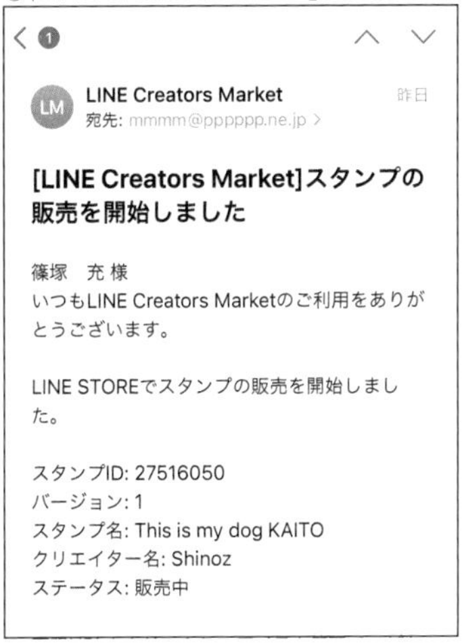

スタンプのダウンロード

スタンプの販売申請の「売上分配設定」で「無料ダウンロード/売上分配額なし」を選択した場合には、自分で作成したスタンプは、次の要領で無料でダウンロードできます（自分のみ1回）。「有料ダウンロード/売上分配額あり」を選択した場合には、自分で作成したスタンプは購入する必要があります。

1 スタンプのダウンロード

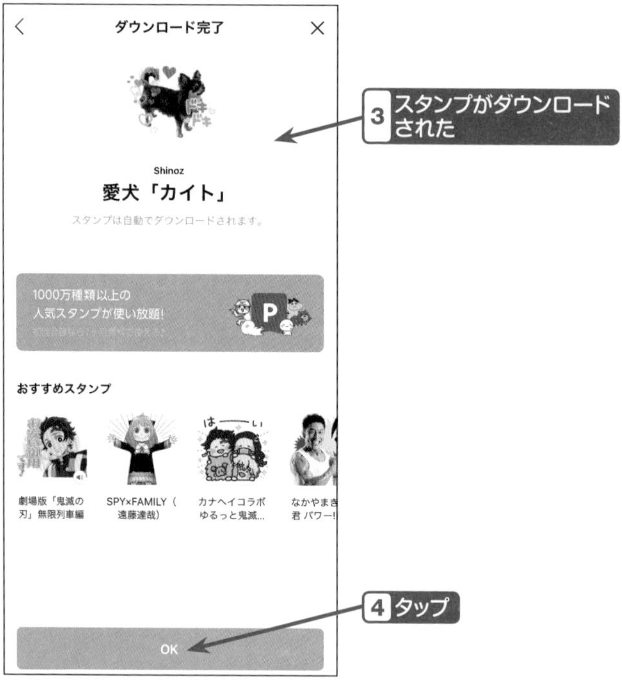

ONEPOINT

販売を開始したら送金先情報を入力する

スタンプを販売開始した場合（特に「売上分配設定」で「有料ダウンロード/売上分配額あり」を選択した場合）には、「LINE Creators Market」のマイページで「送金先情報」を入力しておきましょう。「LINE Creators Market」のマイページを開いて、送金先情報を設定するには、次のように操作します。

❶ スタンプの審査が終了し、承認された後に届いた「LINE Creators Market」からのLINEのトークに表示されている「詳細を確認する」をタップします。

❷ 左側のメニューから「アカウント設定」を選択します。

❸「送金先情報」タブをタップして、送金手段や送信先の情報を入力し、[保存]ボタンをタップします。

※上記の方法以外で「LINE Creators Market」のマイページを開くには、ブラウザを起動して「https://creator.line.me」にアクセスし、画面右上の[マイページ]をタップし、「LINE」アプリに登録したメールアドレスとパスワードを入力してログインします。

ONEPOINT スタンプの販売開始を友人に知らせるには

スタンプは、審査に承認されると、専用のURLが作成され、トークで知らせたりTwitterなどに公開して購入画面に誘導することができます。スタンプの情報を知らせるには、次のように操作します。

❶ LINEスタンプメーカーを起動し、下のメニューから「申請済みリスト」をタップします。

❷ 情報を送りたいスタンプをタップします。

❸ 画面下の［シェア］をタップし、目的の送信方法を選択します。

ONEPOINT
スタンプの販売を停止する

スタンプの販売を停止するには、「LINE Creators Market」のマイページから次のように操作します。

❶ スタンプをリクエストした後に届いた「LINE Creators Market」からのLINEのトークに表示されている「詳細を確認する」をタップします。

❷「ステータス」の右端に表示されている 販売停止 ボタンをタップします。

❸「販売停止」に関する説明のウインドウが表示されるので確認して[OK]ボタンをタップします。

なお、販売を再開する場合には、「LINE Creators Market」のマイページ右上の 販売再開 ボタンをタップします。

※上記の方法以外で「LINE Creators Market」のマイページを開くには、ブラウザを起動して「https://creator.line.me」にアクセスし、画面右上の「マイページ」をタップし、「LINE」アプリに登録したメールアドレスとパスワードを入力してログインします。

◉「LINE Creators Market」のマイページ

マイページ - LINE Creators Market
アイテム管理
スタンプ詳細
タップすると説明が表示される

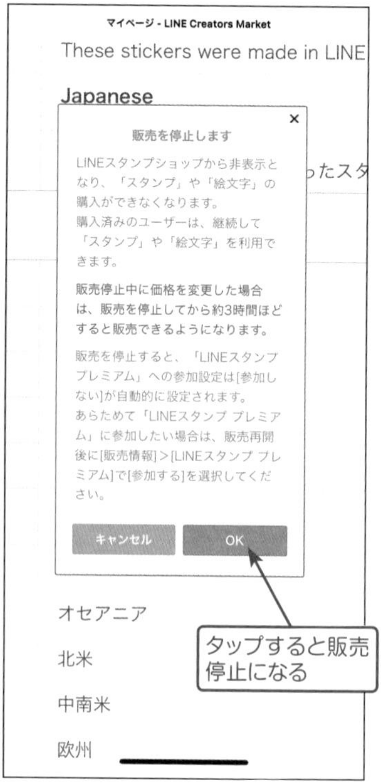
マイページ - LINE Creators Market
These stickers were made in LINE
Japanese
販売を停止します
LINEスタンプショップから非表示となり、「スタンプ」や「絵文字」の購入ができなくなります。
購入済みのユーザーは、継続して「スタンプ」や「絵文字」を利用できます。
販売停止中に価格を変更した場合は、販売を停止してから約3時間ほどすると販売できるようになります。
販売を停止すると、「LINEスタンプ プレミアム」への参加設定は[参加しない]が自動的に設定されます。
あらためて「LINEスタンプ プレミアム」に参加したい場合は、販売再開後に[販売情報]>[LINEスタンプ プレミアム]で[参加する]を選択してください。
キャンセル
OK
オセアニア
北米
中南米
欧州
タップすると販売停止になる

◉販売停止になったスタンプ

Shinoz
愛犬「カイト」
この商品は以下の理由により
購入またはダウンロードできません。
・販売終了または配布終了
・対象外の国・地域またはOS

SECTION 31 リジェクトされてしまったスタンプを再申請する

販売申請したスタンプが、審査で認証されなかった場合には、リジェクトされたという内容の通知が届きます。ここでは、リジェクトされたスタンプを再申請する方法を説明します。

審査の完了の通知

審査の結果、リジェクトされると、次のようなLINEとメールが届きます。

●「LINE Creators Market」からのLINE

LINE Creators Market
27730275
スタンプ名
Shinoz_20220804111216
詳細を確認する
ヘルプを見る
11:15
LINE Creators Market
申請中のスタンプがリジェクトされました。
メッセージセンターにメッセージが届いています。
スタンプID
27730275
スタンプ名
Shinoz_20220804111216
詳細を確認する
ヘルプを見る
18:17

●「LINE Creators Market」からのメール

LM
LINE Creators Market
18:17
宛先: mmmm@pppppp.ne.jp
[LINE Creators Market]スタンプがリジェクトされました
篠塚　充 様
いつもLINE Creators Marketのご利用をありがとうございます。
申請したスタンプがリジェクトされました。
スタンプID: 27730275
バージョン: 1
スタンプ名: Shinoz_20220804111216
クリエイター名: Shinoz
ステータス: リジェクト
下記URLをクリックし、アイテム管理ページを確認してください。
https://creator.line.me/my/sticker/27730275
メッセージセンターにメッセージが届いています。下記URLをクリックし内容を確認してください。
https://creator.line.me/my/
FHzTHxmOtMHMephT/message/

●LINEスタンプメーカーの申請済みリスト

申請済みリスト
リジェクト
日常使いのいろいろ
販売中
愛犬「カイト」

5 作成したスタンプを申請してみよう

リジェクト内容の確認

スタンプがリジェクトされてしまった場合には、「LINE Creators Market」の「メッセージセンター」に承認されなかった理由が通知されるので、内容を確認します。

1 「LINE Creators Market」を開く

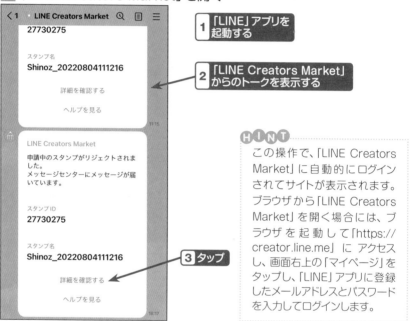

1 「LINE」アプリを起動する

2 「LINE Creators Market」からのトークを表示する

3 タップ

HINT

この操作で、「LINE Creators Market」に自動的にログインされてサイトが表示されます。ブラウザから「LINE Creators Market」を開く場合には、ブラウザを起動して「https://creator.line.me」にアクセスし、画面右上の「マイページ」をタップし、「LINE」アプリに登録したメールアドレスとパスワードを入力してログインします。

2 メッセージの確認

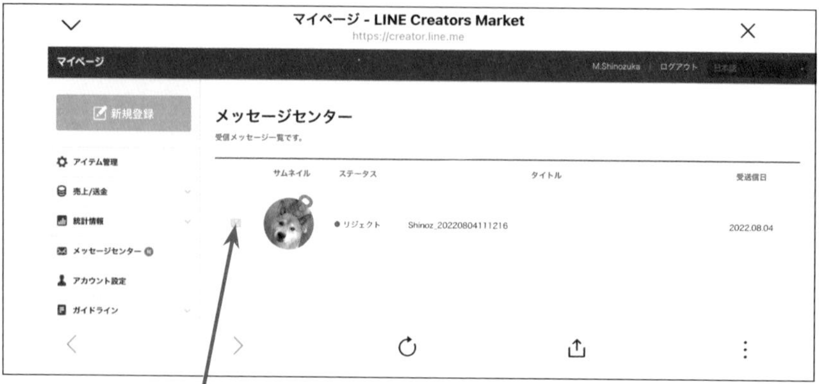

1 タップ

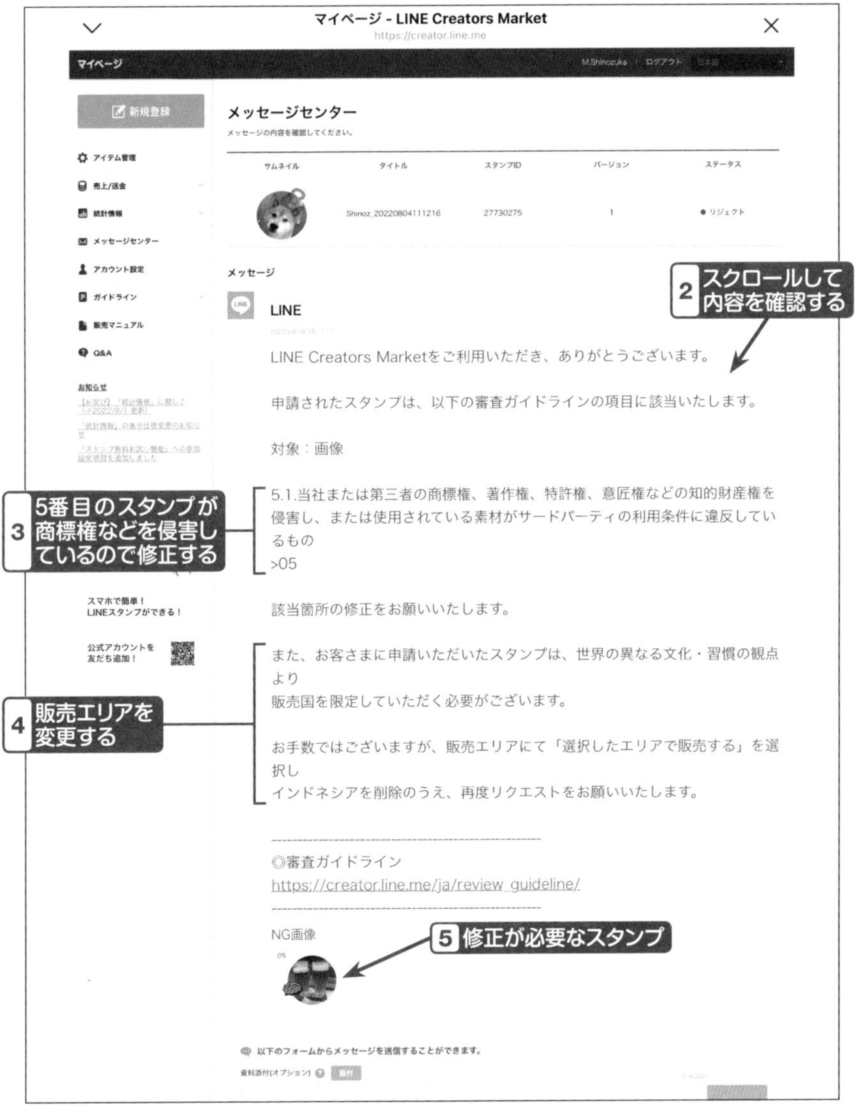
マイページ - LINE Creators Market
https://creator.line.me
マイページ
M.Shinozuka
ログアウト
新規登録
アイテム管理
売上/送金
統計情報
メッセージセンター
アカウント設定
ガイドライン
販売マニュアル
Q&A
お知らせ
スマホで簡単！
LINEスタンプができる！
公式アカウントを
友だち追加！
メッセージセンター
メッセージの内容を確認してください。
サムネイル
タイトル
スタンプID
バージョン
ステータス
Shinoz_20220804111216
27730275
1
● リジェクト
メッセージ
LINE
LINE Creators Marketをご利用いただき、ありがとうございます。
申請されたスタンプは、以下の審査ガイドラインの項目に該当いたします。
対象：画像
5.1.当社または第三者の商標権、著作権、特許権、意匠権などの知的財産権を侵害し、または使用されている素材がサードパーティの利用条件に違反しているもの
>05
該当箇所の修正をお願いいたします。
また、お客さまに申請いただいたスタンプは、世界の異なる文化・習慣の観点より
販売国を限定していただく必要がございます。
お手数ではございますが、販売エリアにて「選択したエリアで販売する」を選択し
インドネシアを削除のうえ、再度リクエストをお願いいたします。
◎審査ガイドライン
https://creator.line.me/ja/review_guideline/
NG画像
05
以下のフォームからメッセージを送信することができます。
資料添付(オプション)
2 スクロールして内容を確認する
3 5番目のスタンプが商標権などを侵害しているので修正する
4 販売エリアを変更する
5 修正が必要なスタンプ

HINT

ここでは、スマホを横向きにして操作しています。

HINT

ここでは、ビールグラスにビールメーカーのブランドが表示されていたため、リジェクトされています。また、スタンプの内容が、インドネシアでは不適切な種類が含まれているため、販売エリアの変更を指示されています。

修正スタンプの作成と販売申請

LINEスタンプメーカーでリジェクトされたスタンプに代わる新しいスタンプを作成し、販売申請を実行します。

1 LINEスタンプメーカーでスタンプを作成

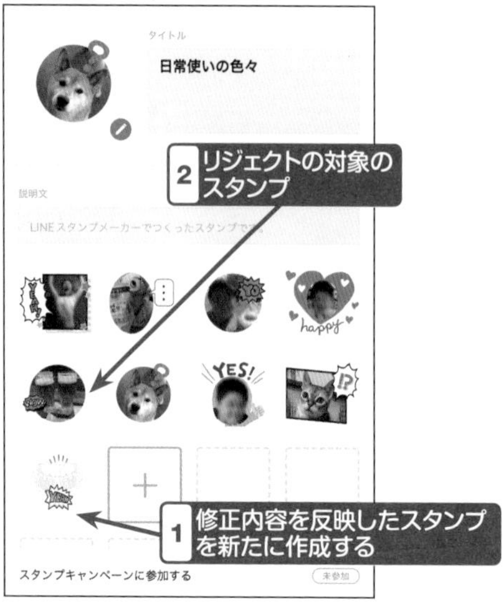

HINT

この後、167～175ページの要領で、修正内容を反映して新たに作成したスタンプで、かつ販売エリアには、リジェクトで指示されたようにエリアを変更して販売申請を実行します。なお、再申請する前に、今回リジェクトされたスタンプセットを次のONEPOINTの要領で削除しておくと、スタンプセットのタイトル名を変更する必要がなくなります（複数のスタンプセットで同じタイトル名を付けられないため）。

ONEPOINT

リジェクトされたスタンプセットを削除するには

LINEスタンプメーカーでは、販売申請したスタンプ画像を修正しなければならない場合には、新しいスタンプを作成し新たなセットで販売申請することになります。そのため、再申請を行う前に、次のようにリジェクトされたスタンプセットを削除しておくとよいでしょう。申請したスタンプセットを「LINE Creators Market」から削除するには、次のように操作します。

❶「LINE」アプリを起動し、「LINE Creators Market」からのリジェクトのトークを表示し、「詳細を確認する」をタップする。

❷「LINE Creators Market」のサイトが表示されたら、左側の一覧から「アイテム管理」をタップします。

❸リジェクトされたスタンプセットをタップします。

❹下までドラッグし、[削除]をタップし、「このスタンプを削除しますか?」と表示されるので[OK]ボタンをタップします。

INDEX

■著者紹介

篠塚（しのづか） 充（みちる）

PCで仕事をすることになったのは、これからの消費者とPCとの関わりについてを卒論のテーマにしたことがきっかけ。営業、編集、システム開発課勤務を経てテクニカルライターへ転身。得意分野はWeb関係とグラフィック。

編集担当 ： 西方洋一 ／ カバーデザイン ： 秋田勘助（オフィス・エドモント）

●特典がいっぱいのWeb読者アンケートのお知らせ

C&R研究所ではWeb読者アンケートを実施しています。アンケートにお答えいただいた方の中から、抽選でステキなプレゼントが当たります。詳しくは次のURLのトップページ左下のWeb読者アンケート専用バナーをクリックし、アンケートページをご覧ください。

C&R研究所のホームページ　https://www.c-r.com/

携帯電話からのご応募は、右のQRコードをご利用ください。

スマホで簡単! LINEスタンプメーカー

2023年1月7日　　初版発行

著　者　篠塚充
発行者　池田武人
発行所　株式会社　シーアンドアール研究所
本　社　新潟県新潟市北区西名目所 4083-6(〒950-3122)
電話　025-259-4293　　FAX　025-258-2801
印刷所　株式会社　ルナテック

ISBN978-4-86354-401-7 C3055